Dieter Hoppe

Amazonen

Die Arten und Rassen, ihre
Haltung und Zucht

38 Farbfotos
eine Zeichnung
und 26 Verbreitungskarten

Verlag Eugen Ulmer Stuttgart

CIP-Kurztitelaufnahme der Deutschen Bibliothek

Hoppe, Dieter:
Amazonen : d. Arten u. Rassen, ihre Haltung u.
Zucht / Dieter Hoppe. – Stuttgart : Ulmer,
1981.
ISBN 3-8001-7066-3

Wollgrasweg 41, 7000 Stuttgart 70 (Hohenheim)
Printed in Germany
Einbandgestaltung: A. Krugmann, Stuttgart
mit einem Foto von Horst Bielfeld, Hamburg
Satz und Druck: Sulzberg-Druck GmbH, Sulzberg im Allgäu

Vorwort

Papageien, diese farbenprächtigen Vögel, sind seit jeher beliebt und begehrt. Nicht nur ihr buntes Gefieder, sondern auch ihre Begabung Worte und Geräusche zu lernen und oft im passenden Moment wiederzugeben, hat die Vogelliebhaber immer wieder veranlaßt, Papageien als Hausgenossen zu halten.
In den letzten Jahren hat besonders eine Gattung aus der großen Familie der Papageien, die Amazonen mit ihren 26 Arten, sehr viele Bewunderer und Liebhaber gefunden. Ihr umgängliches Wesen sowie ihre große Begabung zum Sprechenlernen läßt das Interesse für diese schönen Vögel noch ständig anwachsen.
Der vorliegende Band, der ausschließlich den Amazonenpapageien gewidmet ist, soll dazu beitragen, diese Vögel in ihrem Lebensraum darzustellen, und er soll vor allem die Liebhaber, die Amazonen besitzen und züchten, über das Verhalten der Tiere in Gefangenschaft informieren.
Recht herzlich möchte ich mich bei all den Liebhabern und Züchtern bedanken, die mir für dieses Buch eigene praktische Erfahrungen und spezielle Informationen zur Verfügung stellten. Mein Dank gilt auch dem Eugen Ulmer Verlag, der spontan meine Anregung aufgriff, diesen Band in seine Reihe „Exotische Ziervögel“ aufzunehmen.

Esslingen, Sommer 1981 Dieter Hoppe

Inhaltsverzeichnis

Lebensweise in Freiheit

Die Amazonen bevölkern den amerikanischen Kontinent. Die Staatsgrenze zwischen den USA und Mexiko bildet im Norden die natürliche Grenze ihrers Lebensraumes. Südlich sind sie bis etwa zum 35. Breitengrad, das sind Gebiete in Nord-Uruguay und Nord-Argentinien, verbreitet. Ebenso sind diese Papageien auf etlichen Inseln der Westindischen Inseln anzutreffen. Ihr Lebensraum erstreckt sich in der Nord-Süd-Ausdehnung auf ca. 9000 km. In diesem riesigen Verbreitungsraum findet man die unterschiedlichsten Landschaftsklimate und Vegetationsformen. Die 26 Arten der Gattung *Amazonen* haben sich den unterschiedlichsten Biotopen angepaßt, und so finden wir die Vögel in den Flußlandschaften und Wäldern der gemäßigten Zonen ebenso wie in tropischen Regenwäldern, blattabwerfenden Trockenwäldern, Savannen und Wüstengegenden. Die Verbreitungsgebiete der einzelnen Arten sind sehr verschieden groß, z. B. besiedeln die Gelbscheitel-Amazonen *(Amazona ochrocephala)* einen Lebensraum, der sich von der Amazonasmündung bis zu den Tres Marias-Inseln, eine der Westküste Mexikos vorgelagerte Inselgruppe, erstreckt. Im Vergleich zu diesem Lebensraum ist das Vorkommen der Gelbschulter-Amazone *(Amazona barbadensis)*, die nur in einem kleinen Küstengebiet von Venezuela sowie auf den Inseln Margarita, Blanquilla und Bonaire vorkommt, sehr gering in der räumlichen Ausdehnung. Sehr kleine Lebensräume stehen den auf den Westindischen Inseln vorkommenden Amazonen zur Verfügung. Nahezu alle „Karibik"-Amazonen sind, mit Ausnahme der Kuba-Amazone *(Amazona leucocephala)*, die auf Kuba und den Cayman- und Bahama-Inseln lebt, jeweils nur auf einer Insel vertreten. Der Bestand dieser Inselpapageien ist angesichts des äußerst begrenzten Lebensraum weitaus gefährdeter als der der Festland-Amazonen.

Obwohl Amazonen Schwarmvögel sind, wird das soziale Leben der einzelnen Amazonenarten durch den jeweils besiedelten Lebensraum bestimmt. Bei Amazonenarten oder -rassen, die im tropischen Regenwald leben, der ständig gleichbleibende klimatische und biologische Lebensbedingungen vorweist, ist das soziale Gruppenverhalten der einzelnen Individien nicht so stark ausgeprägt, wie bei den Tieren, die in Savannen oder offenen Wäldern vorkommen. Die Amazonen, die in Regenwaldzonen leben, gehen meistens paarweise der Nahrungssuche nach, wobei das ständig gleichbleibende Futterangebot die Tiere äußerst selten zu kleinen lokalen Wanderungen zwingt. In der Regel sind diese Papageien Standvögel, die ihr Leben in einem relativ kleinen Lebensraum verbringen. Selten kommen diejenigen Amazonen, die die tropischen Urwälder bewohnen, in großen Schwärmen vor. In den Abendstunden versammeln sie sich an ihren sogenannten Schlafplätzen, selten findet man aber Schwärme von über 100 Vögeln. Ganz anders ist das Schwarmverhalten der Amazonen, die die Waldrandzonen, offenen Wälder oder Buschlandschaften besiedeln. Bei diesen Papageien ist das Gruppenverhalten viel ausgeprägter. Häufig kann man dort viele Tausend Amazonen in den späten Nachmittagsstunden auf ihren angestammten Übernachtungsplätzen vorfinden. Am frühen Morgen teilen sich die großen Ansammlungen auf, um in kleinen Gruppen auf Nahrungssuche zu gehen. Anscheinend erfolgt die Nahrungssuche sehr systematisch. Die früchtetragenden Futterbäume werden so lange von den Tieren aufgesucht, bis sie vollständig abgeerntet sind. Je mehr Amazonen in einem begrenzten Raum zusammenleben, desto schneller versiegen die zur Verfügung stehenden Nahrungsquellen, so daß die Vögel zu lokalen Wanderungen gezwungen werden. Die Amazonen der offenen Landschaften sind im Gegensatz zu den Arten, die die tropischen Urwälder besiedeln, sogenannte Teilstrecken- oder Kurzstreckenzieher, die ihren Standort nach dem jeweiligen Futterangebot richten. Sehr ausgeprägt ist das Wanderverhalten bei den Amazonenarten, die den nördlichsten sowie südlichsten Lebensraum, also Mexiko sowie die nördlichen Teile von Argentinien und die südlichen Teile von Brasilien, im Vorkommensgebiet besiedeln. Die Tucuman-Amazonen *(Amazona pretrei tucumana)*, die an den Osthängen der Anden ihre Brutplätze haben, ziehen z.B. nach Beendigung der Brutsaison bis in die nordöstliche argentinische Provinz Misiones.

Die Brutzeiten der freilebenden Amazonen beginnen bei den nördlich vorkommenden Arten im Mai eines jeden Jahres. In den südlicheren Verbreitungszonen verlagern sie sich in die Vormonate, z.B. beginnt die Brutzeit im Norden Südamerikas im Februar. Bei den im südlichsten Verbreitungsraum lebenden Amazonen fallen die Brutgeschäfte in die Zeit Oktober-November, die dortigen Frühlingsmonate.

Amazonen werden erst im 5. Jahr fortpflanzungsfähig und suchen sich nach Eintritt der Geschlechtsreife ihren Partner. Man vermutet, daß die Vögel zeitlebens mit einem Partnertier zusammenleben, daß sie also eine Einehe führen. Allerdings liegen darüber noch keine bestätigten Beobachtungen aus freier Natur vor. Bei Tieren, die in Gefangenschaft im Schwarm gehalten wurden, konnte man diese verbindende Partnerschaft zwischen männlichen und weiblichen Tieren nachweisen, so daß man annimmt, daß solches partnerschaftliches Leben auch in freier Natur stattfindet.

Zu Beginn der Brutsaison sondern sich die einzelnen Amazonenpaare von den Schwärmen ab und geben bis zum Flüggewerden der Jungen das Gruppenverhalten auf. Der kontrastreichen Färbung der Schwanzfeder, des Flügelbugs und der Flügelspiegel kommt primär während der Balzzeit Bedeutung zu. Sobald die einzelnen Paar um ihre Partner werben, werden die Flügel unter extremem Imponiergehabe so ausgestellt, daß die farblich gekennzeichneten Gefiederpartien leuchtend zur Geltung kommen. Die männlichen Tiere spazieren dann auf den Ästen hin und her und verengen dabei die Pupillen bis auf Stecknadelkopfgröße, so daß die meistens orangerote Irisfärbung besonders hervortritt. Zur Balszeremonie gehört auch die Fütterung der Weibchen durch die Männchen. Als Nistplätze benützen die Amazonen Baumaushöhlungen, wobei die höher gelegenen Plätze bevorzugt werden. Die angenommenen Brutstätten werden gegenüber Artgenossen, die sich ebenfalls für diese Plätze interessieren –, hartnäckigst verteidigt. Nistmaterial, zur Auspolsterung der Nester, wird von Amazonen nicht eingetragen. Meistens befindet sich nur eine natürliche Schicht morschen Holzes auf dem Grund der Nisthöhle.

Die verschiedenen Amazonenarten legen zwischen zwei und fünf Eier, die dann alleine vom Weibchen ca. 25 Tage lang bebrütet werden. Die weiblichen Tiere verlassen während der Brutzeit nur für kurze Momente die Nisthöhle, um Futter und Wasser aufzunehmen. Die Männchen halten sich in dieser Zeit in der Nähe der Nester auf und üben dabei Wachfunktionen aus. Da die Weibchen bereits nach Ablage des ersten Eies fest brüten, schlüpfen die Jungen im Abstand der Eiablage. Die kleinen Amazonen werden in den ersten 8–14 Lebenstagen nur vom Muttervogel gefüttert. Erst wenn der Nachwuchs etwas größer ist, beteiligt sich das Männchen an der direkten Fütterung der Jungen. Wer bereits Glück hatte und selbst Amazonen in Gefangenschaft aufziehen konnte, weiß, welche Futtermengen für die Aufzucht erforderlich sind. In der freien Natur sind die Elternvögel von morgens bis abends vollauf damit beschäftigt, die Nahrung für die Jungvögel heranzuschaffen.

Die Nestlingszeit der meisten Amazonenarten beträgt zwischen 60 und 70 Tagen. Nach dem Flüggewerden sind die Jungen sofort flugfähig und können bereits am 1. Tag nach Verlassen des Nestes größere Strecken im Fluge zurücklegen. Der Familienverband bleibt mehrere Wochen zusammen, wobei die Jungamazonen von den Eltern über längere Zeit noch gefüttert werden.

Bereits seit der Entdeckung Amerikas durch Kolumbus erfolgt in dem riesigen Verbreitungsgebiet der Amazonen der Raubbau an der Natur durch den Men-

schen. Die ständig zunehmende Besiedelung, der unglaubliche Kahlschlag ganzer Landschaften, die Ausdehnung der Agrar- und Industriezonen, hinterlassen in der Natur immer weiterreichendere verheerende Wunden, die nicht mehr zu heilen sind. Die Ausbeutung der Natur hat sich inzwischen auch auf die Amazonenbestände nachteilig ausgewirkt, die Veränderung in ihrer Umwelt vertreiben die Vögel aus ihren Heimatgebieten. So wird der ihnen zur Verfügung stehende Lebensraum immer mehr eingeengt, und es ist nur noch eine Frage der Zeit, bis auch die letzte Amazonenart in der Roten Liste der zu schützenden Arten geführt wird.
Selbstverständlich haben die Amazonen auch natürliche Feinde. So werden sie oft zur Beute von Raubvögeln. Sehr großen Schaden an Nestern, Gelegen und Jungtieren können Nagetiere, Affen, Schlangen und auch andere Vogelarten anrichten.

Als Baumhöhlenbrüter sind die Eier und Jungvögel der Amazonen vor allem durch die häufig einsetzenden Regenfälle gefährdet. Ein kurzer Tropenregen kann beispielsweise die Bruthöhlen unter Wasser setzen und dabei die Nester und Gelege vernichten. Eine stete, tiefgreifende Gefahr sind die auf den Westindischen Inseln jährlich im September auftretenden Wirbelstürme, die mit ihrer zerstörenden Kraft nicht nur großen Schaden an der lebenden Population hinterlassen, sondern auch durch die Vernichtung der vorhandenen Brut- und Futterbäume über Jahre hinweg, die wesentlichsten Lebensgrundlagen der Amazonen zerstören.

Aus all diesen Gründen sollten Vogelliebhaber, die im Besitz einer Amazone sind, und ein solches Tier pflegen, versuchen, durch Anschaffung eines Partnervogels eine Nachzucht in der Gefangenschaft zu versuchen, und diese seltener werdende Papageiengattung der Nachwelt zu erhalten.

Amazonen in Gefangenschaft

Als die ersten Spanier auf den Westindischen Inseln und dem amerikanischen Kontinent eintrafen, fanden sie bei den indianischen Natur- und Kulturvölkern zahme Papageien als Hausgenossen vor. Die Indios hielten sich Papageien aus einem sehr einfachen Grund: die farbigen Papageienfedern fanden Verwendung als Kopfschmuck. Außerdem waren die Vögel eine lebende Nahrungsreserve, ähnlich wie bei uns die Hühnervögel. Bald fanden die von den Indios gehaltenen Papageien den Weg nach Europa, und Anfang des 16. Jahrhunderts gelangten die ersten südamerikanischen Papageien von Spanien aus als Gastgeschenke an die Königs- und Fürstenhäuser in Mitteleuropa. Im 18. und 19. Jahrhundert hielten die ersten Papageienvögel Einzug in die Bürgerhäuser. Damals entstanden auch die ersten zoologischen Gärten, in denen man die noch seltenen Papageien allgemein bewundern konnte. In diesem Zeitraum entwickelte sich auch die Vogelliebhaberei und das Interesse an fremdländischen Vögeln und so kamen auch Amazonen allmählich in die Hände von Vogelfreunden. Die Eigenschaften dieser Vögel, Wörter, ganze Sätze sowie Melodien zu lernen und oft bei passender Gelegenheit von sich zu geben, hat die Amazonen mit zu den beliebtesten Papageien werden lassen. Daran hat sich bis heute nichts geändert.

Grundsätzliche Überlegungen

Die Haltung von Haustieren durch den Menschen läßt sich durch geschichtliche Aufzeichnungen und Überlieferungen bis in die Steinzeit nachweisen. So wird z. B. unser Verhältnis zu Hunden schon seit mehreren Jahrtausenden geprägt.
In unserer heutigen technischen Welt, die wir in unseren verstädterten Landschaften verbringen, besinnen wir uns auf die Natur. Viele versuchen heutzutage sich in ihre eigenen vier Wände ein Stück Natur zurückzuholen. Aus neueren Umfragen konnte man erfahren, daß nahezu in jedem Haushalt Zimmerpflanzen, vom Alpenveilchen bis hin zu den Orchideen, gepflegt werden. Millionen von Zierfi-

schen tummeln sich in den Becken der Aquarianer. Vom Kolibri bis zum Reiher, vom Insekt bis zum Säugetier, nahezu jede Tierart wird heute von Liebhabern gehalten. Sicherlich gibt es auch viele Tierfreunde, die sich nur aus falschverstandenem Idealismus oder gar aus Renommiersucht mit Tieren umgeben, aber solche schwarze Schafe kann man wohl überall finden. Der Anschaffung eines Haustieres sollten in jedem Fall ausführliche Informationen und eine kritische Selbstprüfung vorangehen, schließlich erwirbt man eine lebende Kreatur, die Zuwendung und tägliche Pflege verlangt. Ein Spontankauf aus irgend einer Laune heraus sollte auf jeden Fall unterbleiben. Bereits im Voraus ist zu überlegen, welches Haustier am besten zu einem paßt, welche Ansprüche die einzelnen Tierarten stellen und welche Unterbringungsarten erforderlich werden. Und auch mit den Familienangehörigen, die durch die Anschaffung eines Tieres ebenfalls betroffen werden, sollte man sich zuvor verständigen.

Unterbringung

Sehr wichtig ist es, die Amazone artgerecht unterzubringen. Deshalb sollte man sich bereits vor dem Kauf des Vogels über geeignete Käfige informieren und den Standort des Käfigs in der Wohnung festlegen. Nach Möglichkeit wählt man einen hellen Platz in Fensternähe als Standort, wobei auf folgendes zu achten ist: Ungeeignet ist ein Platz direkt am Fenster, weil hier die Gefahr besteht, daß beim Öffnen der Fenster Zugluft entstehen könnte. Ebenso ist eine direkte, längere Zeit andauernde Bestrahlung durch die Sonne zu vermeiden. Ungünstig ist auch ein Standort neben einem Heizkörper. Die ständig zirkulierende Warmluft würde das Gefieder und die Haut des Tieres austrocknen und daher zu Juckreizen führen, was wiederum den Vogel veranlassen könnte, sich das Gefieder zu rupfen. Der beste Platz für einen Käfig ist eine Zimmerecke, neben einem Fenster, mit ausreichender Helligkeit. Am besten bringt man den Käfig in Augenhöhe an. Der Käfig selbst sollte so groß wie möglich sein. Eine Käfiggrundfläche von 50 × 50 cm und eine Höhe von ca. 70 cm als Mindestmaß sollte nicht unterschritten werden. Der zoologische Fachhandel führt ein breitgefächertes Angebot an Papageienkäfigen und Zimmervolieren, so daß für jeden Geldbeutel eine zufriedenstellende Lösung zu finden ist. Mit etwas handwerklichem Geschick oder unter Mithilfe von Handwerkern, kann man sich die Behausung für seinen Pflegling auch selbst anfertigen. Stets sollte man beim Kauf sowie bei der eigenen Herstellung des Käfigs oder der Voliere darauf achten, daß eine stabile Konstruktion, die den Amazonenschnäbeln standhält, gewählt wird. Die im Käfig befindlichen Futternäpfe

bringt man so an, daß sie von den Vögeln nicht verschmutzt oder verschleppt werden können. Außerdem sollten die Näpfe leicht zugänglich sein, daß bei der täglichen Fütterung gleichzeitig der Napf gereinigt werden kann. Eine oder mehrere Halterungen, auf denen man Obst und Gemüse anbringt, sollten ebenfalls vorhanden sein. Das Bodenteil des Käfigs muß so konstruiert sein, daß es jederzeit mit wenigen Handgriffen abzunehmen ist und gereinigt werden kann. Als Sitzstange sollte mindestens ein Naturast vorhanden sein, den man je nach Abnützung im Abstand von 2–3 Wochen erneuert. An diesem Ast können die Amazonen ihr Nagebedürfnis befriedigen und außerdem nehmen sie beim Benagen der Rinde und des Holzes Mineralstoffe auf.
Erst dann, wenn der Käfig oder die Voliere beschafft ist und der genaue Standort in der Wohnung festgelegt wurde, sollte die Anschaffung des Vogels erfolgen.

Kauf

Wie eingangs angeführt, sollten dem Kauf einer lebenden Kreatur ausführliche Informationen vorangehen. Man muß sich darüber im klaren sein, daß die Pflege eines Haustieres viel Zeit beansprucht. Außerdem ist es nicht nur ein Gegenstand, den man nach Lust und Laune hervorholt und wieder wegstellt. Eine ständige Zuwendung, Beachtung und Pflege ist an jedem Tag während der Woche und in der Freizeit notwendig. Wer diese Zeit nicht opfern kann und möchte, sollte so selbstkritisch sein, und auf die Haltung von Haustieren verzichten. Viele Menschen sind durch Zufall an die Liebhaberei der Vogelhaltung herangeführt worden. Manchmal weckt der Besuch eines zoologischen Gartens oder einer zoologischen Handlung das eigene Interesse, oder stößt man beim Durchblättern der Tageszeitung auf eine Anzeige wie folgende: „Verkaufe handzahme, sprechende Amazone.“ Es gibt auf jeden Fall viele Möglichkeiten, wie man zum Vogelliebhaber werden kann. Man sollte aber auf jeden Fall beim Kauf einer Amazone beachten:

1. Amazonen werden äußerst selten in der Gefangenschaft gezüchtet, daher wird kaum einmal die Gelegenheit gegeben sein, direkt beim Züchter ein Nachwuchstier zu kaufen. Es empfiehlt sich daher in jedem Fall der Kauf über den Zoofachhandel.
2. Beobachten Sie die ausgestellten Tiere über einen längeren Zeitraum. Achten Sie darauf, wie der Vogel reagiert, wenn Sie an den Käfig treten, der Vogel darf nicht apathisch sitzen bleiben. Achten Sie darauf, daß der Vogel regelmä-

ßig atmet, daß er keinen Nasenausfluß hat, daß die Augen nicht tränen und auch der Kot darf keineswegs wässerig sein.

3. Junge Amazonen sind an der Färbung der Augeniris zu erkennen. Die Iris junger Amazonen ist in der Regel braun. Allerdings kann die Dauer der Umfärbung der Iris äußerst unterschiedlich sein. Der Verfasser konnte bei in Deutschland gezogenen Gelbscheitel-Amazonen *(Amazona ochrocephala ochrocephala)* die Feststellung machen, daß zwei ca. 5 Monate alte Jungtiere eine unterschiedliche Irisfärbung hatten. Bei dem einen Vogel war die Iris dunkelbraun, bei der anderen Amazone zeigte sie bereits eine orangefarbene Färbung. Sollte die Irisfärbung bereits ihr Endstadium (vgl. dazu die einzelnen Artbeschreibungen) erreicht haben, so sollte man auf den Schnabel und die Füße des Vogels achten. Eine junge Amazone hat einen glatten Schnabel und wenig geschuppte Zehen. Bei älteren Tieren haben sich meistens kleine Hornablagerungen auf Schnabel und Füßen gebildet. Bei verschiedenen Amazonenarten und -rassen kann anhand der Gefiederfärbung bestimmt werden, ob es sich um ein Jung- oder Alttiert handelt. Die Gelbkopf-Amazone *(Amazona ochrocephala oratrix)* ist z.B. erst nach dem 5.–7. Lebensjahr vollständig ausgefärbt. Beim Jungvogel dieser Rasse ist nur der Vorderkopf gelb ausgebildet und erst nach mehrmaliger Mauser setzt sich dieses Gelb bis in den Nackenbereich fort.
4. Achten Sie darauf, daß bei dem Vogel, den Sie erwerben möchten, auch das Futterangebot stimmt. Der Vogel sollte an ein reichhaltiges Futter mit den verschiedenartigsten Sämereien, Nüssen und Obst gewöhnt sein, denn es ist sehr schwierig, eine Amazone, die z.B. nur Sonnenblumenkerne frißt, auf andere Sorten umzustellen. Eine einseitige Ernährung des Vogels löst aber Mangelerscheinungen aus und führt zu Krankheiten.

Zu den Lebensräumen der Amazonen gehören diese typischen Landschaftsbeispiele.

Abb. 1 *(oben links):* Llanos del Orinoco, Venezuela; eine Baumsavanne mit extensiver Viehwirtschaft. Abb. 2 *(oben rechts):* Insel Tobago; tropischer Küstenurwald wie er in vielen Küstenregionen Mittel- und Südamerikas angetroffen wird. Abb. 3 *(unten links):* Guayana; tropischer Urwald im Bergland von Guayana in 500 m Höhe über dem Meeresspiegel. Abb. 4 *(unten rechts):* Sierra Madre Occidental, Mexiko; trockenheiße Hochlandzone mit halbwüstenartigem Charakter.

5. Jeder Züchter und Importeur von Papageien ist gesetzlich gehalten, die Tiere zu beringen und über die Beringung einen Nachweis zu führen. Die Amazone, die Sie erwerben, muß beringt sein. Sollte kein Fußring vorhanden sein, so ist anzunehmen, daß der Vogel illegal nach Deutschland eingeführt wurde, oder daß er aus einer nicht genehmigten Zuchtanlage stammt. Seien Sie nicht erstaunt, wenn der Verkäufer bei Verkauf eines Papageis Sie nach Name und Anschrift fragt. Er ist hierzu gesetzlich verpflichtet und muß jederzeit einen Nachweis über das abgegebene Tier führen können. So können bei Ausbruch einer seuchenartigen Erkrankung eines Papageis die Stationen seiner Herkunft zurückverfolgt werden, und nur so ist eine gezielte Bekämpfung der Krankheit möglich.
6. Die Amazone muß nach dem Kauf auf dem kürzesten Weg in ihre neue Umgebung gebracht werden. Für größere Transportstrecken sollten nur entsprechend geeignete Versandboxen, die eine fest eingebaute Sitzmöglichkeit haben, Verwendung finden. Bei zeitlich länger andauernden Transporten muß dem Vogel im Transportbehälter Nahrung und Wasser zur Verfügung stehen.

Haltung und Zähmung

Nach dem Kauf bringt man die Amazone sofort in ihr neues vorbereitetes Domizil. Die Wasser- und Futternäpfe sollten gefüllt sein. Andere Futtergaben, wie z. B. Maiskolben, Hirsekolben oder Apfelstücke und ein Kalkstein bringt man zuvor ebenfalls so an, daß sie jederzeit mühelos von der Amazone erreicht werden können. In den ersten Tagen muß der Vogel vollständig in Ruhe gelassen werden. Wenn man sich vor Augen führt, welch langen Weg die Amazone bis zu ihrem

---

Abb. 5 *(oben links):* Jamaika-Amazone (Amazona collaria) im Jugendgefieder (s. Seite 48). Abb. 6 *(oben rechts):* Kopf einer ausgefärbten Kuba-Amazone (Amazona leucocephala palmarum), deren Verbreitungsraum sich auf W-Kuba und die Isla de Pinos erstreckt (s. Seite 50). Abb. 7 *(unten):* Der weinrote Bauchfleck ist bei diesen jungen Blaukronen-Amazonen (Amazona ventralis) nur angedeutet. Beim links abgebildeten Vogel ist der schwarze Ohrfleck nicht klar abgegrenzt (s. Seite 56).

endgültigen Heimatort zurücklegen mußte, so wird man ihr diese Ruhepause in den ersten Tagen der Eingewöhnungszeit herzlich gönnen, zumal der Vogel bis zu diesem Zeitpunkt äußerst vielen Streßsituationen ausgesetzt war. Das Tier muß die klimatischen Veränderungen ebenso wie die mehrmaligen Futterumstellungen erst einmal verkraften und versuchen, zur Ruhe zu kommen. Kleinkinder, die durch ihre ungestümen Bewegungen den Vogel erschrecken könnten, sollten in den ersten Tagen vom Käfig wegbleiben. Eventuell vorhandene andere Haustiere sollten nur unter Aufsicht in die Nähe des Neuankömmlings herangeführt werden. Jede Veränderung oder ungewohnte Situation kann bei der Amazone im Anfangsstadium der Eingewöhnungszeit ein Auslöser für eine Streßsituation sein, die wiederum eine Psittakose-Erkrankung auslösen kann.
Bald stellt man fest, welche Futtersorten der Vogel bevorzugt und mit solchen geschätzten Leckerbissen kann man versuchen, die Amazone allmählich an die Hand zu gewöhnen. Man probiert, dem Tier dieses Futter mit der Hand zu reichen, sollte dabei aber auf jeden Fall ruhig und bedächtig vorgehen und jede fahrige Bewegung vermeiden. Selbstverständlich wird der Vogel nicht sofort nach dem gereichten Futter greifen, sondern er wird die erste Zeit immer bemüht sein, aus dem Gefahrenbereich der Hand zu kommen. Man wird es mit diesem Futterangebot auch nur wenige Minuten versuchen. Nach geraumer Zeit wird das Tier so weit sein, daß es die gereichten Futtergaben aus der Hand aufnimmt. Nachdem sich die Amazone einigermaßen eingelebt hat, regelmäßig und gut frißt, sollte man ihr den ersten Ausflug aus dem Käfig gestatten. Eine über dem Käfig angebrachte Sitzstange, oder ein neben dem Käfig plazierter Kletterbaum dient dem Vogel vorerst als Freisitz. Seinen ersten Freiflug aus dem Käfig sollte der Vogel selbständig unternehmen, man öffnet dazu die Käfigtür und kann zusätzlich als „Brücke" für das Ausflugsunternehmen einen Verbindungsstab zwischen Käfigöffnung und Freisitz anbringen. Keinesfalls sollte man die Amazone gewaltsam aus ihrem Käfig holen, wenn sie beim ersten Versuch nicht selbständig ihre Behausung verläßt. Nach wenigen Tagen wird der Vogel so weit sein, daß er den Weg aus dem Käfig und auch dorthin wieder zurück selbst findet. Sollte die Amazone den Freisitz, der ihr als Aufenthaltsort außerhalb des Käfigs dient, verlassen, so sollte man sie behutsam dazu bringen, daß sie wieder ihren Freisitz aufsucht. Bald wird sie gelernt haben, daß der Kletterbaum zu ihrem Revier gehört und sie wird dann immer nach einem kurzen Flug durch das Zimmer dorthin zurückkehren. Es ist sehr wichtig, daß der Vogel bereits in den ersten Tagen fest auf seinen Freisitz fixiert wird, so wird er auch später nicht in unbeobachteten Momenten auf Schränke oder andere Möbelstücke fliegen. Man sollte immer daran denken, daß eine Amazone mit ihren kräftigen Schnabel doch einigen Schaden an Möbeln oder anderen häuslichen Gegenständen anrichten kann. Wenn die Amazone fest

an ihren Freisitz gewöhnt ist, wird sie ihn nur ganz selten verlassen, so daß es jederzeit möglich ist, daß sich der Vogel ständig dort aufhält und ihm sein Käfig nur nachts als Behausung dient.

Sehr unterschiedlich ist die Fähigkeit des Sprechenlernens bei den einzelnen Amazonen. Bei Amazonen, die in freier Natur leben, hat man beobachtet, daß sie keinerlei Fremdgeräusche oder Tierstimmen erlernen und nachahmen. Das Phänomen Fremdlaute wiederzugeben, konnte bisher nur bei in Gefangenschaft lebenden Tieren nachgewiesen werden. Es scheint so, daß das Erlernen von Geräuschen, Wörtern, Sätzen und das Pfeifen von Melodien eine Art Beschäftigungstherapie ist, die sich die Tiere selbst auferlegen. In der freien Natur sind die Amazonen einem festen Tagesablauf unterworfen, und so bleibt den Tieren, außer der ständigen Futtersuche, sowie der gemeinsamen Gefiederpflege, äußerst wenig Zeit für andere Beschäftigungen. Die in Gefangenschaft allein gehaltenen Vögel, denen das Futter schnabelgerecht serviert wird, müssen sich an einen unnatürlichen Lebensrythmus gewöhnen, und so beschäftigen sich die Tiere aus der Langeweile heraus, was oft zu artfremdem Verhalten führen kann. Auf jeden Fall ist das Talent zur Nachahmung bei den Amazonen vorhanden und kann durch ständige Ansprache gefördert werden. Am Anfang sollte die Amazone nicht überfordert werden. Es empfiehlt sich, ihr ständig nur ein Wort, am besten nur ihren Namen, vorzusagen. Hierbei empfehlen sich zweisilbige Worte, die mit A oder O enden, z.B. Jako, Riko, Lora, Mama, Papa usw. Beim Vorsagen der einzelnen Worte ist darauf zu achten, daß nach Möglichkeit immer in der gleichen Stimmlage gesprochen wird. Bald wird der Vogel versuchen, das ständig vorgesagte Wort nachzuahmen. Allerdings wird es eine gewisse Zeit dauern, bis er es klar und deutlich von sich gibt. Hat das Tier erst einmal ein Wort gelernt und kann dies gut verständlich wiedergeben, so wird es nicht lange dauern, bis neue Wörter oder Geräusche zusätzlich ins Repertoire aufgenommen werden. Der Verfasser konnte schon etliche Amazonen sehen und hören, die die gelernten Worte situationsgerecht von sich gaben. Eine Amazone war dabei, die prinzipiell „Guten Tag“ sagte, wenn man das Zimmer betrat, und beim Hinausgehen hörte man ein „Auf Wiedersehen“ von ihr. Eine andere Amazone sagte jedes Mal, wenn man ihr einen Leckerbissen reichte: „Mmh, ist das fein“ oder wenn man sie mit lauwarmen Wasser besprühte: „So, jetzt wird wieder geduscht“. Eine große Begabung zum Sprechenlernen zeigen besonders die einzelnen Rassen der Gelbscheitel-Amazone *(Amazona ochrocephala)* und der Blaustirn-Amazone *(Amazona aestiva)*. Es muß hierzu allerdings erwähnt werden, daß diese beiden Amazonen neben der Venezuela-Amazona *(Amazona amazonica)* die am häufigsten gehaltenen Arten sind, und somit auch die meisten Gefangenschaftsberichte von diesen Vögeln vorliegen.

Amazonen lassen sich in freier Natur sehr gerne naßregnen. Schon nach dem ersten Regentropfen rennen sie auf den Ästen hin und her, sträuben das Gefieder, schlagen mit den Flügeln und hängen kopfunter, wobei sie wahre Freudenschreie auslassen. Nicht nur für das Gefieder der Vögel, sondern insgesamt ist es sehr wichtig, daß man den Amazonen in Gefangenschaft, wenn die Tiere nicht in der Freivoliere gehalten werden, einen Regenersatz bietet. Zwei- bis dreimal wöchentlich sollte man die Vögel mit lauwarmen Wasser aus einer Blumenspritze besprühen. Dieses sogenannte Duschen sollte man möglichst in die Vormittags- bzw. Mittagsstunden legen, damit das Gefieder im Laufe des Tages wieder trocknen kann.
Es empfiehlt sich, in Gefangenschaft gehaltene Amazonen ständig zu beschäftigen. Amazonen sind nun mal Schwarmvögel, die im engsten Kontakt mit ihren Artgenossen leben. In der Gefangenschaft allein gehaltene Amazonen suchen daher mangels geeigneter Artgenossen den Menschen als Partner. Die ständige Ansprache ist für den Vogel lebenswichtig. Als Pfleger sollte man sich darüber im klaren sein, daß der Vogel seelisch und körperlich verkümmert, wenn man nicht genügend Zeit für ihn aufbringen kann. Jeder ernsthafte Vogelliebhaber und Tierfreund sollte, wenn ihm die Zeit für die Beschäftigung mit seinem Vogel fehlt, sich dazu durchringen, ein Partnertier für seinen Pflegling anzuschaffen.

Fütterung und Pflege

Die richtige Ernährung ist eine der wichtigsten Voraussetzungen für gesunde Amazonen. Durch vielseitige, vitaminreiche Futtergaben kann der Vogel ausreichende Abwehrkräfte bilden, so daß viele Krankheiten erst gar nicht zum Ausbruch gelangen. Das Grundfutter für Amazonen sollte aus den folgenden Sämereien bestehen: ca. 50% aus Sonnenblumenkernen, gestreift und weiß, die restlichen 50% aus Erdnüssen, Zirbelnüssen, Mais, Kürbiskernen, geschältem Hafer, evtl. Rohreis, verschiedenen Hirsesorten und Leinsamen. Walnüsse, Paranüsse usw. können ebenfalls, wie viele andere Sämereien zusätzlich verfüttert werden. Sehr gerne fressen Amazonen halbreife Fruchtstände von Weizen, Roggen, Gerste, Mais usw.; Obst und Gemüse kann man, je nach der Saison, in allen Formen reichen. Äpfel sollten am täglichen Futtertisch nicht fehlen. Trauben, Kirschen, Pflaumen, Pfirsiche, Weintrauben, Apfelsinen, Mandarinen und evtl. Grapefruits und Zitronen (natürlich alle Südfrüchte ohne Schalen!), Feigen, Mangos, Bananen, Salat, Spinat, Blumenkohl, Rosenkohl, Mohrrüben, Sellerie, Tomaten usw. kann man ständig als zusätzliche Futtergabe der Grundnahrung beigeben. Ebenso sollten diverse Unkrautsamen wie z. B. Löwenzahn, Wegerich, Hirtentäschelkraut

u. a. sowie Hagebutten saisonbedingt verfüttert werden. Gerne fressen Amazonen Blattknospen von Obstbäumen. Allerdings ist bei der Beschaffung von Blattknospen Vorsicht geboten, man muß unbedingt darauf achten, daß man Zweige von nicht gespritzten Bäumen verwendet, da nahezu alle Insektizide Giftstoffe enthalten. Sonnenblumenkerne, Hirsesorten und andere Sämereien kann man in angekeimtem Zustand verabreichen. Ein Kalkstein darf in keinem Käfig und in keiner Voliere fehlen. Wenn Amazonen gelegentlich Kalksteine zerknabbern, muß man sich pulverförmigen Futterkalk beschaffen und diesen ca. zweimal wöchentlich über das Futter streuen; eine Messerspitze voll ist dabei ausreichend. Ab und zu kann man den Amazonen frische Walderde und, wenn die Möglichkeit besteht, Meersand, in einer Schüssel u. ä. gereicht, bieten.

Als Sitzstangen sollten den Amazonen Naturäste dienen. An ihnen können die Vögel ihr Nagebedürfnis befriedigen und gleichzeitig wie schon erwähnt, beim Benagen der Rinde und des Holzes Mineralstoffe aufnehmen. Es ist darauf zu achten, daß die Sitzstangen unterschiedliche Stärken aufweisen, so daß die Amazonen mit ihren Füßen jeweils verschieden greifen müssen. Sobald die Rinde an den Sitzstangen abgenagt ist, oder die Oberflächen der Äste glatt werden, sollte man sie erneuern. Wenn man den Vögeln ständig unterschiedlich starke Äste als Sitzmöglichkeiten anbietet, ist auch eine normale, natürliche Abnützung der Krallen gegeben. Nur selten muß man Amazonen, denen man gute Sitzstangen bietet, die Krallen schneiden.

Wie bereits erwähnt, lassen sich Amazonen sehr gerne naßregnen. Sowohl des Gefieders wegen, wie auch für das allgemeine Wohlbefinden der Tiere empfiehlt es sich, die Vögel mehrmals wöchentlich mit lauwarmen Wasser zu besprühen. Ein Blumenzerstäuber, der einen feinen Wassernebel versprüht, bietet sich dazu an. Das Abduschen sollte stets in den Vormittags- oder Mittagsstunden vorgenommen werden, wobei die Zimmer- oder Außentemperatur nicht weniger als 18°C betragen darf. Man muß darauf achten, daß das Gefieder der Amazone nicht vollständig naß wird; es muß immer so gesprüht werden, daß das Tier noch flugfähig bleibt.

Bei Verwendung ungeeigneter Sitzstangen kann es vorkommen, daß sich die Krallen nicht ausreichend abnutzen und zu lang werden. Mit einem Seitenschneider oder einer stabilen Nagelschere kann man die zu lang geratenen Krallen kürzen. Beim Krallenschneiden ist äußerste Vorsicht geboten, keineswegs darf man in den durchbluteten Teil schneiden, da sonst die Gefahr besteht, daß die Kralle verwächst oder daß sich an der Zehe eine Infektion bildet.

Genau so vorsichtig wie beim Krallenschneiden muß man beim Beschneiden des Oberschnabels vorgehen. Normalerweise nutzt sich die Oberschnabelspitze – vorausgesetzt der Amazone stehen Äste oder Holzstücke zum Beknabbern zur

Verfügung – von selbst ab, so daß es selten vorkommen wird, einmal eine zu lang geratene Schnabelspitze abzuschneiden. Niemals darf der durchblutete Teil beim Beschneiden verletzt werden. Ohne ausreichende eigene Erfahrung empfiehlt es sich daher, einen Fachmann, beispielsweise einen Zoohändler oder Tierarzt, zu Rate zu ziehen, oder, das Schneiden dem Fachmann zu überlassen.

Amazonen fliegen in kleinen Räumen oder Volieren äußerst ungern, lieber legen sie ihre Wegstrecke kletternd zurück. Sehr gerne haben es die Tiere, wenn sie sich im Sommer in einer Freivoliere im Garten oder auf dem Balkon aufhalten können. Nicht überall wird die Möglichkeit zur Erstellung einer Außenvoliere gegeben sein; wenn man aber trotzdem seiner Amazone einen Platz an der frischen Luft zugesteht, so sollte man dem Vogel zuvor die Schwungfedern kürzen. Keinesfalls darf die Amazone an eine Kette gelegt werden, da sonst die Verletzungsgefahr viel zu groß ist, und außerdem, wenn sich die Kette verheddert, der Bewegungsraum des Vogels sehr stark eingeengt wird. Zum Beschneiden der Schwingen muß man den Vogel in die Hand nehmen und dann den Flügel ausbreiten. Mit einer Schere schneidet man die Hand- und Armschwingen ca. 2–3 cm oberhalb der Wurzel ab. Die beiden äußersten Handschwingen sollten nicht gestutzt werden, denn nur so bleibt ein ansehnliches Flügelbild bei angelegten Schwingen erhalten.

Es kommt immer wieder vor, daß sich Papageien die Federn selbst ausrupfen oder abknabbern. Eine besondere Veranlagung zum Federrupfen zeigen speziell die Weiß- und Schwarzschnabelkakadus *(Cacatua)*, die Aras *(Ara)* und der Graupapagei *(Psittacus)*. Amazonen zeigen diese Untugend selten. Es ist sehr schwierig, einen Papagei, der sich die eigenen Federn auszieht oder abbeißt, vom Federrupfen wieder abzubringen. Das Ausrupfen der Federn kann extreme Formen annehmen. Der Verfasser sah öfters vollkommen nackte Vögel, die nur noch am Kopf und Hals befiedert waren. Wodurch dieses anormale Rupfen ausgelöst wird, konnte bis heute nicht eindeutig geklärt werden. Vermutlich gibt es dafür mehrere Faktoren, die als Ursache in Betracht kommen. Vor allem Vitamin- und Mineralstoffmangel dürften eine wesentliche Ursache sein. Aber ebenso können Langeweile, zu trockene Zimmerluft, Salzmangel, ungeeignete Unterbringung des Tieres, Psychosen oder sonstige Umstände zum Federrupfen führen. Ein Erfolgsrezept zur Heilung der meist psychisch kranken Tiere gibt es nicht. Auffallend ist, daß meistens Papageien, die einzeln als reine Stubenvögel gehalten werden, als Federrupfer sich selbst „verstümmeln“. Selten neigen im Schwarm oder paarweise gehaltene Papageien dazu, diese Unart anzunehmen. Zwischenzeitlich wurden für die sogenannten Federrupfer Medikamente, Sprays und besondere Futtersorten entwickelt, leider bewirken jedoch die von der Industrie auf den Markt gebrachten Mittel nur geringe Heilerfolge. Besser ist es in jedem Fall dem einzelnen

Entfernen der Trennwand den direkten Kontakt der Tiere untereinander herzustellen. Niemals sollte man Tiere, die sich nicht kennen, zusammensperren, da neu eingestellte Vögel sich den Angriffen ihrer Artgenossen nicht erwehren und dadurch auch zukünftig ins Hintertreffen geraten. Der Verfasser konnte einmal beobachten, wie eine neuerworbene Blaustirn-Amazone *(Amazona aestiva)* aus Platzgründen in eine Voliere eingestellt wurde, die mit einem Paar Halsbandsittichen *(Psittacula krameri)* besetzt war. Die beiden Halsbandsittiche griffen daraufhin die körperlich weitaus größere Blaustirn-Amazone an, die dabei keine Abwehrmaßnahmen zeigte, sondern versuchte durch Flucht aus dem Gefahrenbereich zu kommen. Auch zukünftig zeigten sich die Halsbandsittiche der Amazone überlegen; obwohl sich die Amazone in der Voliere gut einlebte, hielt sie sich stets in respektvoller Entfernung von den Sittichen auf.

Wenn man in der glücklichen Lage ist, ein geschlechtsreifes, harmonierendes Amazonenpaar zu besitzen, so kann man beobachten, wie zu Beginn der Brutzeit, die Vögel umeinander werben. Mit ausgestellten, hängenden Flügeln, gespreizten Schwanzfedern und extrem verengten Pupillen stolzieren die männlichen Amazonen um die weiblichen Tiere herum. Dieses Schauspiel findet meistens in den Morgen- und Abendstunden statt, wobei zum Ende hin, vor der Kopulation die Fütterung der Henne durch den Hahn erfolgt. Zu Beginn der Balzzeit interessieren sich die Hennen dann erstmals für die aufgestellten Brutkästen. Nachdem ein geeigneter Nistplatz gefunden ist, untersucht das Weibchen die Nisthöhle aufs genaueste. Oft verschwindet das Weibchen dann für längere Zeit im Inneren des Kastens, um durch intensives Benagen die letzten Verschönerungsarbeiten vorzunehmen. In den Brutblöcken eingelegte Holzspäne, Erd- oder Humusschichten werden in den meisten Fällen wieder nach außen befördert. Während der ca. 14 Tage dauernden Balzzeit verhalten sich die Tiere äußerst laut. Wobei sie u.U. oft stundenlang ohrenbetäubend schreien. Von diesem Stadium an werden die Vögel gegenüber artverwandten Tieren sowie gegenüber dem Pfleger „bösartig“. Das heißt, die Tiere verteidigen, dem Naturinstinkt folgend, ihr Revier und im besonderen Maße die darin befindliche Nisthöhle. Dieser Zustand kann sich bei den Tieren so weit steigern, daß sie ihren Pfleger, sobald er die Voliere betritt, fliegend angreifen. Dieses Verteidigungsverhalten ist bei den Weibchen noch stärker ausgeprägt als bei den Männchen. Es ist ratsam, als Pfleger in der Brutzeit die Volierenreinigung auf das nötigste zu beschränken, um die Tiere während der Balz,- Brut- und Nestlingszeit so wenig wie nur möglich zu stören. Ca. 10–14 Tage nach Beginn der Balzzeit legt das Weibchen das erste Ei in der Nishöhle ab und beginnt sofort mit dem Brüten. Im Abstand von 2 Tagen werden weitere Eier gelegt. Ein Gelege kann bis zu 5 Eiern enthalten. Die Amazonenhennen müssen in der Zeit der Eiablage eingehendst beobachtet werden, damit man bei einer auftretenden Legenot sofort hilfreich eingreifen und Maßnahmen, wie z. B. Unterleibsmassage, einleiten kann. In schwierigen Fällen ist sofort ein Tierarzt zu Rate zu ziehen. Für eine solche Überwachung sind Nistkästen sehr günstig, die von außen her inspiziert werden können. Nach der Eiablage sollten Nistkästen nur dann kontrolliert werden, wenn sich die Henne nicht im Kasten befindet. Das Bebrüten der Eier übernimmt allein das Weibchen. Die männlichen Vögel halten sich in dieser Zeit in der Nähe des Einschlupfloches auf, um die Nisthöhlen zu bewachen. Morgens und abends verlassen die Weibchen für kurze Zeit die Nisthöhle, entleeren sich und nehmen Wasser und Futter auf. Die Brutdauer beträgt bei allen Amazonenarten ca. 25/26 Tage. Die Jungen schlüpfen danach zeitlich in der Reihenfolge der Eiablage. Bereits am ersten Lebenstag lassen die Jungamazonen ein leises Piepsen höre. Die vollkommen nackten, blinden Jungen werden in den ersten Lebenswochen nur vom Weibchen gefüttert. Das Männchen beteiligt sich erst zu einem späteren Zeitpunkt an der direkten Fütterung. Im Alter von etwa zwei Wochen öffnen die Jungtiere die Augen; gleichzeitig stoßen auch die ersten Federkiele durch die Haut. Die Befiederung der Jungen macht nun rasche Fortschritte und bald sind auch die ersten grünen Federn zu erkennen. Angesichts des unglaublichen Appetits, den der Amazonennachwuchs entwickelt, sind große Futtermengen bereitzustellen. Außer dem üblichen Körnerfutter, Gemüse und Obst sollte zusätzlich ein spezielles sogenanntes Aufzuchtfutter bereitgestellt werden. Der Verfasser reicht in solchen Fällen Säuglingsnahrungen der Fabrikate Nestle und Alete, die in Pulverform erhältlich sind und mit warmem Wasser zu einem zähflüssigen Brei angerührt werden. Die Jungen der unterschiedlichen Amazonenarten verlassen zwischen dem 60. und 80. Lebenstag, vollständig befiedert in der Körpergröße den Alttieren kaum nachstehend, die Nisthöhle. Die Jungen sind nach Verlassen des Nestes sogleich voll flugfähig. Ihre Bewegungen wirken noch etwas tolpatschig, aber wenige Tage später bewegen sie sich bereits wie das Elternpaar. Schon kurze Zeit nach Verlassen des Nestes versuchen die

---

Abb. 8: Beide abgebildeten Goldzügel-Amazonen (Amazona xantholora) sind noch nicht ausgefärbt. Beim links sitzenden Vogel ist die Ausdehnung der roten Gefiederzone noch nicht abgeschlossen. Die andere Amazone ist ein männlicher Jungvogel im ersten Lebensjahr mit der typischen Jugendbefiederung und dunkelbraunen Augeniris (s. Seite 60).

Jungen Futter selbstständig aufzunehmen, werden aber noch über einen längeren Zeitraum von den Alten zusätzlich gefüttert. Selten kommt das Elternpaar nach Abschluß der Aufzucht ihrer Jungen erneut in Brutstimmung. Daher empfiehlt es sich, die Jungen bei den Alten zu lassen und erst bei evtl. auftretenden Streitigkeiten eine Abtrennung vorzunehmen.
Manchmal kommt es, oft ohne erkennbaren Gund vor, daß die Altvögel ihren Nachwuchs verlassen und sich auch weiterhin nicht mehr um die Bettelrufe der Jungen kümmern. Als Pfleger muß man dann, die Aufzucht der Jungen selbst in die Hand nehmen. Man nimmt die Jungen aus dem Nistkasten und bringt sie am besten in einem großen Karton unter, der vorher mit mehreren Schichten Papiervlies ausgelegt wurde. Im Abstand von 4–6 Stunden müssen die Jungen nun gefüttert werden. Man verwendet hierzu eine sogenannte Einwegspritze, deren Ausdrücktülle vergrößert wird. Auf die Tülle wird ein Fahrradventilgummi aufgeschoben und so befestigt, daß es sich nicht lösen kann. Ein vorbereiteter vitaminreicher, leicht zähflüssiger Brei, am besten Säuglingsnahrung mit einer Temperatur von ca. 35°, wird dann in die Einwegspritze abgefüllt. Zur Fütterung führt man den Fahrradventilgummi den Jungen in den Schnabel und drückt dann ganz vorsichtig den Futterbrei den kleinen Amazonen in den Schlund. Später, wenn die Tiere etwas größer sind, kann der Brei mit einem Teelöffel verabreicht werden. Futterreste, die evtl. an Schnabel oder Gefieder haften geblieben sind, muß man sofort entfernen, da das Gefieder der Jungen verklebt. Daß von Hand aufgezogene Vögel besonders zahm werden, versteht sich von selbst.
Als Züchter von Papageienvögeln ist man verpflichtet, gewisse gesetzliche Vorschriften zu erfüllen. Im nachstehenden Kapitel wird darauf kurz eingegangen.

Abb. 9: Männliche Weißstirn-Amazone der Nominatform (Amazona albifrons albifrons). Das spezifische Geschlechtsmerkmal, die roten Daumenfittiche am Flügel, ist gut zu erkennen. Der abgebildete Vogel ist noch nicht vollständig ausgefärbt. Die rote Augenmaske hat noch keine klare Abgrenzung gegenüber den anderen Gefiederpartien (s. Seite 62). Wenn man die Abbildungen 8 und 9 miteinander vergleicht, wird man sofort das nahe verwandtschaftliche Verhältnis der beiden Arten erkennen.

Zuchtgenehmigung

Jeder Liebhaber ist verpflichtet, wenn er mit Vögeln der Ordnung Psittaciformes, Zuchtversuche plant, eine Zulasung zur Genehmigung der Zucht bei der zuständigen Behörde des Landes zu beantragen. Nach der Verordnung zum Schutz gegen die Psittacose und Ornithose (Psittacose-Verordnung: Bundesgesetzblatt, Jahrgang 1975, Teil 1) ist jeder Züchter gehalten, ein amtliches Zuchtbuch zu führen und mindestens 2 Jahre lang nach der letzten Eintragung aufzubewahren. Darin sind folgende Eintragungen vorzunehmen:

1. Art der Tiere
2. Ringnummer und Datum der Beringung
3. Datum des Erwerbs oder der sonstigen Aufnahme in den Bestand sowie Herkunft der Tiere
4. Datum der Abgabe und Empfänger der Tiere, oder Datum des Abgangs der Tiere
5. Beginn, Dauer und Ergebnisse von Behandlungen gegen Psittacose sowie Art und Dosierung des verwendeten Arzneimittels

Außerdem ist jeder Halter und Züchter von Amazonen bei Ausbruch einer Seuchenerkrankung verpflichtet, sofort den Amtstierarzt und die zuständige staatliche Behörde zu informieren und anschließend nach Anweisung der Behörden zu handeln.

Washingtoner Artenschutzübereinkommen

Das Washingtoner Artenschutzübereinkommen (WA), das zum Zwecke der Erhaltung freilebender Tiere und Pflanzen am 3. März 1973 in Washington beschlossen und von den Regierungen vieler Länder unterzeichnet wurde, gilt in vollem Umfang seit dem 24. April 1977 auch für die Bundesrepublik Deutschland. Für nähere Auskünfte steht das Bundesamt für Ernährung und Forstwirtschaft, Adickesallee 40, 6000 Frankfurt am Main, als wissenschaftliche Behörde nach Artikel 11 dieses Gesetzes, zur Verfügung.

Danach sind bedrohte Amazonen-Arten bzw. – rassen:

1.	Kuba-(Bahama-) Amazone	*Amazona leucocephala bahamensis*
2.	Puerto-Rico-Amazone	*Amazona vittata vittata*
3.	Königs-Amazone	*Amazone guildingii*
4.	Blaumasken-Amazone	*Amazona versicolor*
5.	Kaiser-Amazone	*Amazona imperialis*
6.	Rotscheitel-Amazone	*Amazona durfresniana rhodocorytha*
7.	Pracht-Amazone	*Amazone pretrei pretrei*
8.	Taubenhals-Amazone	*Amazona vinacea*
9.	Blaukopf-Amazone	*Amazona arausiaca*
10.	Gelbschulter-Amazone	*Amazona barbadensis*
11.	Rotschwanz-Amazone	*Amazona brasiliensis*

Es muß damit gerechnet werden, daß ständig weitere Amazonen-Arten in die Artenschutzliste aufgenommen werden. Besonders bedroht sind nach Auffassung des Verfassers die auf den karibischen Inseln vorkommenden Amazonen sowie die Tucuman-Amazone *(Amazona pretrei tucumana)*, die Dufresnes-Amazone *(Amazona dufresniana)* und die Gelbbauch-Amazone *(Amazona xanthops)*.

Der Handel mit den in der Artenschutzliste geführten Pflanzen und Tiere ist grundsätzlich nicht statthaft. Das Übereinkommen bezweckt eine vorbeugende Kontrolle durch den Gesetzgeber und soll sicherstellen, daß der Handel mit den bedrohten Tieren und Pflanzen nicht kommerziellen Zwecken dienen darf. Im

Einzelfall ist die Ein- oder Ausfuhr artbedrohter Arten erlaubt, wenn nachweislich dieser Handel der Erhaltung der Art nicht abträglich ist und nicht vorwiegend zu kommerziellen Zwecken erfolgt. In solchen Fällen ist rechtzeitig der nötige Antrag auf Ein- bzw. Ausfuhrgenehmigung bei der zuständigen wissenschaftlichen Behörde zu stellen.
Die gesetzlichen Maßnahmen zur Erhaltung der artbedrohten Tier- und Pflanzenarten sind sehr begrüßenswert, scheinen aber das Übel der Ausrottung nicht an der Wurzel zu packen. Was nützt es, den Handel der bedrohten Arten zu unterbinden, wenn andererseits der Lebensraum der jeweiligen Arten in großem Umfang durch kommerzielle Nutzung so beeinträchtigt, gestört oder vernichtet wird, daß ein gesunder Fortbestand einzelner Populationen nicht mehr gewährleistet ist. Speziell die auf den Westindischen Inseln vorkommenden Amazonen-Arten sind durch die ständige Ausdehnung der Agrarzonen, durch den vermehrten Holzschlag, sowie durch die Jagd in ihrem Lebensraum so stark bedroht, daß wenn nicht umfangreiche Hilfsmaßnahmen eingeleitet werden, diese Vögel vermutlich in wenigen Jahren ausgerottet sein werden.

Die Arten

Die systematische Stellung der Amazonen

Die Amazonen sind eine Artengruppe (Gattung) aus der Familie der Papageien. Es ist sehr schwer, die Papageien systematisch in die Klasse der Vögel einzuordnen. Die paarzehige Fußbildung hat viele Systematiker veranlaßt, die Papageien vor den Kuckucksvögeln (Cuculiformes), die in zwei Unterordnungen, Turakos (Musophagidae) und Kuckucke (Cuculidae), eingeteilt werden, einzureihen, denen wiederum die Eulen (Strigiformes) folgen. Den Papageien vorgestellt sind die Taubenvögel (Columbiformes).
Dr. Hans von Boetticher hat in Anlehnung an die „Checklist of Birds of the World, 3“ von James Lee Peters, die Papageien in ihrer systematischen Stellung zueinander in ein System eingereiht, das die Grundlagen für die Klassifizierung der Amazonen, in diesem Buch bilden. In der englischen Literatur finden oft andere Ordnungssysteme Anwendung, daher ist vorerst die Anwendung eines Nummernsystems auf internationaler Ebene nicht möglich.
Die Ordnung der Papageien (Psittaci) gliedert sich in die Familie der Papageien (Psittacidae), die wiederum von sieben Unterfamilien gebildet wird. Der V. und VII. Unterfamilie sind zwei bzw. fünf Gattungsgruppen angegliedert.

I. Unterfamilie: Nestorpapageien (Nestorinae)

II. Unterfamilie: Borstenköpfe (Psittrichasinae)

III. Unterfamilie: Kakadus (Cacatuinae)

IV. Unterfamilie: Spechtpapageien (Micropsittinae)

V. Unterfamilie: Loris (Trichoglossinae)
Gattungsgruppe A Rundschnabelpapageien (Psittaculirostrini)
Gattungsgruppe B Pinselzungenloris (Trichoglossini)

VI. Unterfamilie: Eulenpapageien (Strigopinae)

VII. Unterfamilie: Echte Papageien (Psittacinae)

Gattungsgruppe A	Plattschweifsittiche (Platycercini)
Gattungsgruppe B	Wachsschnabelpapageien (Loriini)
Gattungsgruppe C	Fledermauspapageien (Loriculini)
Gattungsgruppe D	Stumpfschwanzpapageien (Psittacini)
Gattungsgruppe E	Keilschwanzsittiche (Araini)

Die Amazonen werden den Stumpfschwanzpapageien (Psittacini), VII. Unterfamilie, Gattungsgruppe D (7. Gattung in der Gattungsgruppe D) – VII D – zugeordnet. Die Gattungsgruppe VII D 7 umfaßt insgesamt 13 Gattungen. Davon sind 3 Gattungen, die Vasapapageien *(Coracopsis)*, der Graupapagei *(Psittacus)* und die Langflügelpapageien *(Poicephalus)*, auf dem afrikanischen Kontinenten verbreitet.

Die folgenden 10 Gattungen – Weißbuchpapageien *(Pionites)*, Rotsteißpapageien *(Pionus)*, Fächerpapagei *(Deroptyus)*, Amazonen *(Amazona)*, Kurzschwanzpapagei *(Graydidascalus)*, Zierpapageien *(Pionopsitta)*, Braunohrpapageien *(Hapalopsitta)*, Kahlkopfpapagei *(Gypopsitta)*, Buntschwanzpapageien *(Touit)* und Sittichpapagei *(Triclaria)*- sind auf dem amerikanischen Erdteil beheimatet. Die Amazonen *(Amazona)* bilden mit ihren 26 Arten die größte Gruppe aller Papageien-Gattungen.

Die in der nachstehenden Artenbeschreibung gewählte numerische Klassifizierung soll der genauen Zuordnung dienen. So ist z.B. VII D 7 3. die Blaukronen-Amazone *(Amazona ventralis)*. Die Bezeichnung VII steht für die siebte Unterfamilie, D für die vierte Gattungsgruppe, 7 für die siebte Gattung in der Gattungsgruppe und 3. für die dritte Art in der Gattung.

Aufstellung aller Amazonen-Arten:

VII D7	0.	Guadeloupe-Amazone	*Amazona violaceus*	(ausgestorben!)
VII D7	0.	Martinique-Amazone	*Amazona martinicana*	(ausgestorben!)
VII D7	1.	Jamaika-Amazone	*Amazona collaria*	1 Rasse
VII D7	2.	Kuba-Amazone	*Amazona leucocephala*	5 Rassen
VII D7	3.	Blaukronen-Amazone	*Amazona ventralis*	1 Rasse
VII D7	4.	Goldzügel-Amazone	*Amazona xantholora*	1 Rasse
VII D7	5.	Weißstirn-Amazone	*Amazona albifrons*	3 Rassen
VII D7	6.	Rotspiegel-Amazone	*Amazona agilis*	1 Rasse
VII D7	7.	Puerto Rico-Amazone	*Amazona vittata*	nur noch 1 Rasse

VII	D 7	8.	Pracht-Amazone	*Amazona pretrei*	2 Rassen
VII	D 7	9.	Grünwangen-Amazone	*Amazona viridigenalis*	1 Rasse
VII	D 7	10.	Blaukappen-Amazone	*Amazona finschi*	2 Rassen
VII	D 7	11.	Gelbwangen-Amazone	*Amazona autumnalis*	4 Rassen
VII	D 7	12.	Dufresnes-Amazone	*Amazona dufresniana*	2 Rassen
VII	D 7	13.	Rotschwanz-Amazone	*Amazona brasiliensis*	1 Rasse
VII	D 7	14.	Blaukopf-Amazone	*Amazona arausiaca*	1 Rasse
VII	D 7	15.	Blaubart-Amazone	*Amazona festiva*	2 Rassen
VII	D 7	16.	Gelbbauch-Amazone	*Amazona xanthops*	1 Rasse
VII	D 7	17.	Gelbschulter-Amazone	*Amazona barbadensis*	2 Rassen
VII	D 7	18.	Blaustirn-Amazone	*Amazona aestiva*	2 Rassen
VII	D 7	19.	Gelbscheitel-Amazone	*Amazona ochrocephala*	9 Rassen
VII	D 7	20.	Venezuela-Amazone	*Amazona amazonica*	2 Rassen
VII	D 7	21.	Soldaten-Amazone	*Amazona mercenaria*	2 Rassen
VII	D 7	22.	Müller-Amazone	*Amazona farinosa*	5 Rassen
VII	D 7	23.	Taubenhals-Amazone	*Amazona vinacea*	1 Rasse
VII	D 7	24.	Königs-Amazone	*Amazona guildingii*	1 Rasse
VII	D 7	25.	Blaumasken-Amazone	*Amazona versicolor*	1 Rasse
VII	D 7	26.	Kaiser-Amazone	*Amazona imperialis*	1 Rasse

Ständig neue wissenschaftliche Erkenntnisse, die auf stammesgeschichtliche Verwandtschaftsverhältnisse aufbauen, rücken das alte Ordnungssystem etwas in den Hintergrund. Hans Edmund Wolters hat eine überarbeitete systematische Liste sämtlicher Vogelarten der Erde erstellt, wobei die Klassifizierung der Papageien dabei grundlegend überarbeitet und neugestaltet wurde. Nach Wolters wird die Ordnung der Papageien (Psittaciformes) von elf (I–XI) Familien gebildet, die teilweise in Unterfamilien zerfallen. Die Gattung der Amazonen *(Amazona)* ist als 6. Gattung in der Unterfamilie – Amazonenartige (Amazoninae) – eingegliedert. Die Unterfamilie Amazoninae ist die vierte Unterfamilie in der II. Familie – Psittacidae (Eigentliche Papageien). Wenn man nach diesem Aufbau ein Numerierungssystem erstellt, so ergibt sich folgende Klassifizierung:

II	für die zweite Familie in der Ordnung
D	für die vierte Unterfamilie in der Familie
6	für die sechste Gattung in der Unterfamilie
1.–27.	für die 27 Arten (altes System = 26 Arten) in der Gattung

Die Reihenfolge der einzelnen Arten richtet sich in ihrem Aufbau nach sogenannten Artengruppen (Subgenus) und soll dadurch die nahen verwandtschaftlichen Beziehungen der einzelnen Arten zueinander aufzeigen.

1. Artengruppe				
II	D6	1.	Blaubart-Amazone	*Amazona festiva*
2. Artengruppe				
II	D6	2.	Tucuman-Amazone	*Amazona tucumana*
II	D6	3.	Pracht-Amazone	*Amazona pretrei*
3. Artengruppe				
II	D6	4.	Rotspiegel-Amazone	*Amazona agilis*
II	D6	5.	Puerto Rico-Amazone	*Amazona vittata*
4. Artengruppe				
II	D6	6.	Weißstirn-Amazone	*Amazona albifrons*
II	D6	7.	Goldzügel-Amazone	*Amazona xantholora*
II	D6	8.	Blaukronen-Amazone	*Amazona ventralis*
II	D6	9.	Kuba-Amazone	*Amazona leucocephala*
II	D6	10.	Jamaika-Amazone	*Amazona collaria*
5. Artengruppe				
II	D6	11.	Gelbbauch-Amazone	*Amazona xanthops*
6. Artengruppe				
II	D6	12.	Blaukappen-Amazone	*Amazona finschi*
II	D6	13.	Grünwangen-Amazone	*Amazona viridigenalis*
II	D6	14.	Gelbwangen-Amazone	*Amazona autumnalis*
7. Artengruppe				
II	D6	15.	Rotschwanz-Amazone	*Amazona brasiliensis*
II	D6	16.	Dufresnes-Amazone	*Amazona dufresniana*
II	D6	17.	Soldaten-Amazone	*Amazona mercenaria*
8. Artengruppe				
II	D6	18.	Venezuela-Amazone	*Amazona amazonica*
9. Artengruppe (*Chrysotis*; Swainson, 1837)				
II	D6	19.	Gelbschulter-Amazone	*Amazona barbadensis*
II	D6	20.	Blaustirn-Amazone	*Amazona aestiva*
II	D6	21.	Gelbscheitel-Amazone	*Amazona ochrocephala*

10. Artengruppe

II	D 6	22.	Müller-Amazone	*Amazona farinosa*

11. Artengruppe

II	D 6	23.	Blaukopf-Amazone	*Amazona arausiaca*
II	D 6	24.	Blaumasken-Amazone	*Amazona versicolor*
II	D 6	25.	Königs-Amazone	*Amazona guildingii*

12. Artengruppe

II	D 6	0.	† Martinique-Amazone †	*Amazona martinica*
II	D 6	26.	Kaiser-Amazone	*Amazona imperialis*
II	D 6	0.	† Guadeloupe-Amazone †	*Amazona violacea*

13. Artengruppe (*Oenochrus*; Bonaparte, 1854)

II	D 6	27.	Taubenhals-Amazone	*Amazona vinacea*

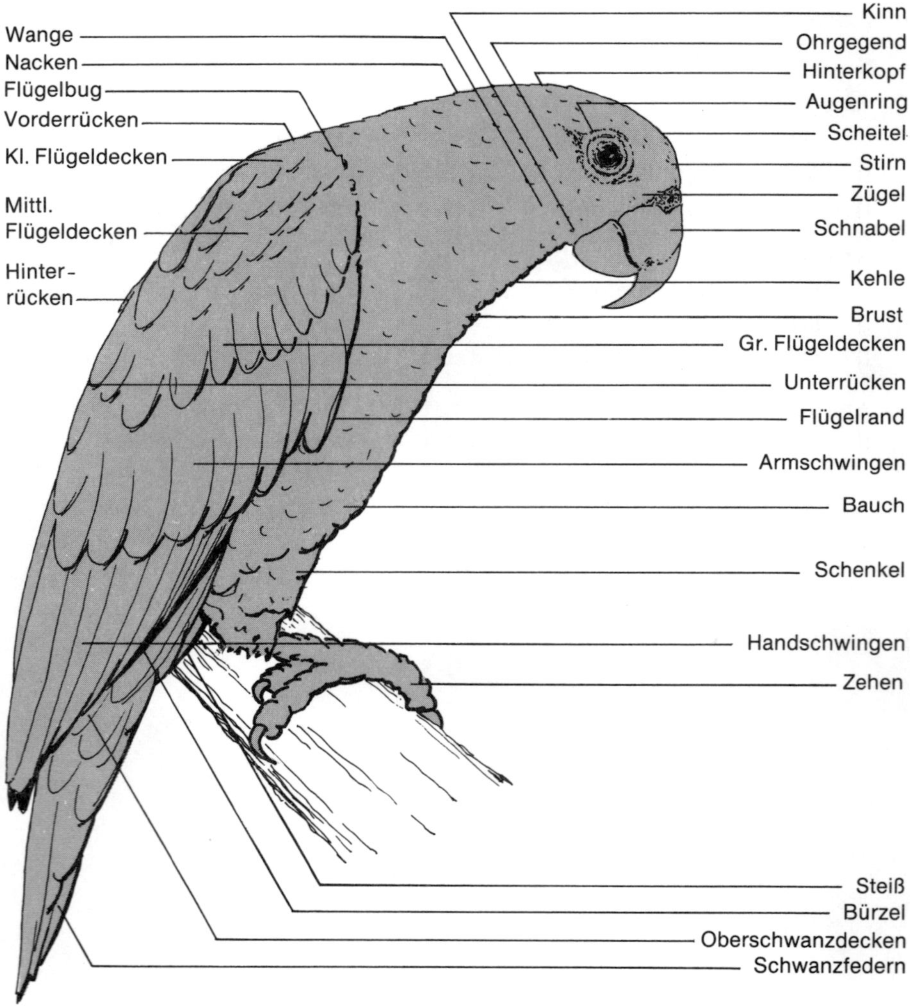
Wange
Nacken
Flügelbug
Vorderrücken
Kl. Flügeldecken
Mittl. Flügeldecken
Hinter-rücken
Kinn
Ohrgegend
Hinterkopf
Augenring
Scheitel
Stirn
Zügel
Schnabel
Kehle
Brust
Gr. Flügeldecken
Unterrücken
Flügelrand
Armschwingen
Bauch
Schenkel
Handschwingen
Zehen
Steiß
Bürzel
Oberschwanzdecken
Schwanzfedern

Artenbeschreibungen

Guadeloupe-Amazone VII D7 0

Amazona violaceus (Gmelin) 1788

engl.: Guadeloupe Amazon

Anmerkung: Bereits im 18. Jahrhundert ausgestorben.

– *Psittacus violaceus* Gmelin, Syst. Nat., 1, pt. 1788, p. 337 („Insulae aquarum Lupiarum"). – Gmelin stützt sich bei seiner Erstbeschreibung der Guadeloupe-Amazone auf unbestätigte Aussagen von Forschungsreisenden. Tatsächlich konnte bis heute ein Vorkommen einer Amazonenart auf Guadeloupe nicht nachgewiesen werden, es ist aber dennoch anzunehmen, daß Gmelins These zutrifft. Denkbar ist, daß die auf Guadeloupe lebenden Amazonen durch Naturkatastrophen, wie z.B. durch Wirbelstürme und Ausbrüche des noch heute tätigen Vulkans Soufrière ausgerottet wurden.

Martinique-Amazone VII D7 0

Amazona martinicana Clark 1905

engl.: Martinique Amazon

Anmerkung: Es wird vermutet, daß auf der kleinen Antillen-Insel Martinique ebenfalls eine Amazonenart (-rasse?) vertreten war. Auch Dominica, ca. 50 km nördlich und St. Lucia, ca. 50 km südlich von Martinique, die nahezu dieselbe Landschaftsform und Vegetation vorweisen, werden heute von Amazonen (s. VII, D7, 26./VII, D7, 25./VII, D7, 14.) besiedelt.

– Amazona martinicana CLARK, Auk, 22, 1905, p. 343 (Martinique). – Clark beschrieb die Martinique-Amazone 1905, nachdem sie bereits über 100 Jahre ausgestorben war. Anhand von alten Reiseberichten und Schiffsbüchern ist durchaus glaubhaft, daß auf Martinique Amazonen vorkamen. Ob es sich dabei von Karibindianern auf die Insel verbrachte Amazonen oder um eine eigenständige wilde Population handelte, dürfte heute nicht mehr zu klären sein.
Der Verfasser vermutet, daß alle Inseln der Kleinen Antillen einschließlich Barbados in früheren Jahrhunderten von Amazonen besiedelt worden sind, leider ist diese These nicht belegbar.

Jamaika-Amazone (Collaria-Amazone) VII D7 1.
Amazona collaria (Linnaeus) 1758
engl.: Red-throated Amazon, Yellow-billed Amazon, Jamaican Amazon
1 Rasse

Kennzeichen: Größe ca. 28 cm; grün; Unterseite heller grün; Zügel, Stirn und hintere Augengegend weiß; Oberkopf dunkelblau, schwarz gesäumt; Band vom Schnabel bis zur Ohrgegend blau, am Schnabel weiß durchsetzt; Ohrfleck dunkel grünblau; breites weinrotes Band an Kehle und Hals beginnend über Wangen unterhalb des Hinterkopfs endend; Nackenfedern dunkel gesäumt; Flügelrand blau; Handschwingen blau; Flügelunterseite blaugrün; Schwanzfedern grün, an der Spitze gelbgrün; äußere Schwanzfedern an den Wurzeln rot; nackter Augenring weiß; Iris braun; Schnabel gelblich hornfarben; Füße graubraun.
Jungtiere: weiß auf Stirn und Zügel kaum vorhanden; nur Kehle und Vorderhals weinrot; Iris dunkelbraun. (Bild Seite 18)

Verbreitung: Mittlerer und östlicher Teil von Jamaika.

Amazona collaria

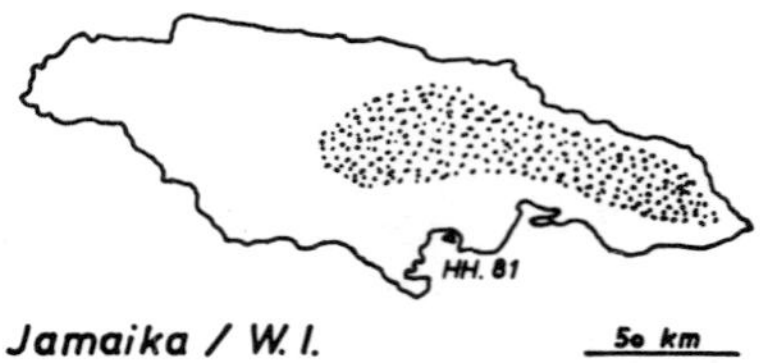

Lebensweise: Die seit dem 9. Jahrhundert durch die Arawaks-Indianer bewohnte Insel Jamaika wurde 1493 durch Christoph Kolumbus entdeckt. Ein von West nach Ost die Insel durchziehendes Gebirge erreicht im Westen Höhen bis 600 m, in der Mitte der Insel, im Central Range, Höhen bis ca. 950 m und im Osten mit dem Blue Mountains Peak in den Blue Mountains eine Höhe von 2256 m. Durch diesen, die Insel durchziehenden Bergzug, der die Passatwinde abfängt, ergeben sich verschiedenartige Vegetationsformen. Die Niederschlagsmengen betragen im Norden über 2500 mm und im Süden unter 1000 mm im Jahresmittel. Die Vegetation ist tropisch und bildet an den nördlichen Gebirgsrändern einen immergrünen Regenwald. Im Südteil der Insel herrschen Trockensavannen vor. Die Küsten werden von Palmen gesäumt und die Flußmündungen bilden gern Mangrovensümpfe.

Die Jamaika-Amazonen sind im Osten der Insel, in den John Crow Mountains, im Mittelteil, um den Mount Diablo, sowie im westl. Inselteil, im hügeligen Cockpit Country, beheimatet. Die Vögel sind Waldbewohner, fliegen aber bei der Nahrungssuche auch in kultiviertes Agrarland. Außerhalb der Brutzeit ziehen die Amazonen in kleinen Verbänden, selten mehr als zwanzig Vögel, oft zusammen mit der Rotspiegel-Amazone *(Amazona agilis),* auf Nahrungssuche durch die Waldregionen. In den Nachmittagsstunden folgt der Rückflug zu den angestammten Schlafplätzen.
Die Brutzeit beginnt im April. 2–4 Eier, 36,0 × 29,2 mm groß sollen gelegt werden. Die Bruthöhlen sollen sich in großer Höhe auf alten Bäumen und Palmen befinden. Aus dem Nest genommene Jungvögel werden im Juni und Juli auf den Märkten angeboten.

Haltung/Zucht: Im letzten Jahrhundert wurden Jamaika-Amazonen öfters nach England eingeführt und zu Preisen zwischen fünfzehn bis zwanzig Shillingen angeboten. In Deutschland sind diese Amazonen sehr selten; im Vogelpark Walsrode befanden sich 1980 drei Jamaika-Amazonen. Die Amazonen zeigten sich als sehr lebhafte Vertreter ihrer Art, waren ständig in Bewegung, wobei sie auch sehr gerne geflogen sind. Bei oberflächlicher Betrachtung wirken die Jamaika-Amazonen in ihrem Aussehen wie Jungtiere der Kuba-Amazone *(Amazona leucocephala),* allerdings sind sie merklich kleiner als diese.
Die Keston-Farm in England konnte eine Mischlingszucht zwischen 0,1 (Weibchen) Jamaika-Amazone und 1,0 (Männchen) Blaubart-Amazone *(Amazona festiva)* melden. Die drei von den Altvögeln aufgezogenen Jungen glichen in der Färbung dem 1,0, sind aber kleiner als dieser.

Kuba-Amazone **VII D7 2.**
Amazona leucocephala (Linnaeus) 1758
engl.: Cuban Amazon
5 Rassen

---

1. *Amazona leucocephala leucocephala* (Linnaeus)

Kennzeichen: Größe ca. 32 cm; grün, dunkel gesäumt; Stirn, Vorderkopf und Augenregion weiß; Kinn, Kehle und Wangen rosarot; vereinzelt rosarote Federn über Brust verteilt; Ohrfleck schwarz; Bauch weinrot, dunkel gesäumt; Hand- und Armschwingen, Flügelbug blau; äußere Flügeldecken auf Außenfahne blau;

Flügelunterseite blaugrün; Schwanzfedern gelbgrün, an der Basis rot; Iris rotbraun; nackter Augenring weiß; Schnabel einfarbig hornfarben; Füße gelbbraun. Jungtiere: ohne oder nur sehr wenig dunkle Federsäume; Bauch ohne oder nur sehr wenig weinrote Federn.

Verbreitung: Östlicher und mittlerer Teil von Kuba.

2. *Amazona leucocephala palmarum* (Todd)

Kennzeichen: Wie 1. Rasse, aber dunkler grün; Kehle dunkler rosarot; Bauch dunkler weinrot. (Bild Seite 18)

Verbreitung: Westlicher Teil von Kuba sowie Isle of Pines.

3. *Amazona leucocephala caymanensis* (Cory)

Kennzeichen: Wie 1. Rasse, aber mehr gelbgrün; weiß am Kopf weniger ausgedehnt; Kinn und Kehle mehr rötlich; rot auf Bauch weniger ausgedehnt; etwas größer.

Verbreitung: Insel Grand Cayman.

4. *Amazona leucocephala hasterna* (Bangs)

Kennzeichen: Wie 1. Rasse, aber mehr gelbgrün; Bauchfleck intensiver und ausgedehnter weinrot; Kinn, Kehle und Wangen kräftiger rosarot; etwas kleiner.

Verbreitung: Inseln Little Cayman und Cayman Brac.

5. *Amazona leucocephala bahamensis* (Bryant)
Bahama-Amazone
engl.: Bahama-Amazon

Kennzeichen: Wie 1. Rasse, aber weinroter Bauchfleck nur wenig oder gar nicht vorhanden; weiß auf Vorderkopf sowie um die Augenregion ausgedehnter; etwas größer.

Verbreitung: Früher über mehrere Inseln der Bahama Islands verbreitet; heute nur noch auf Great Inagua und evtl. Abaco.

Lebensweise: Die Kuba-Amazone, mit ihren 5 Rassen, besiedelt ein sehr ausgedehntes Gebiet. Die Nominatform, sowie die 2. Rasse, die auch der Nominatform zugereiht wird, sind auf Kuba, sowie der im Südwesten vorgelagerten Insel de Pines anzutreffen. Kuba ist mit einer Breite von 50–150 km und einer Länge von ca. 1200 km die größte Insel der Großen Antillen und wird durch große Tiefländer, die ca. 75% der Landfläche ausmachen, landschaftlich geformt. Diese Tieflandzonen, die in früheren Jahrhunderten mit Feuchtwäldern überzogen waren, werden heute stark landwirtschaftlich und industriell genützt. Allerdings sind noch etliche Landschaftsteile recht unberührt und geben den in Kuba unter totalem Schutz stehenden Kuba-Amazonen einen noch sicheren Lebensraum. Die Temperaturen sind gleichbleibend und fallen auch nachts nicht unter 20°C ab. Die Luftfeuchtigkeit ist ständig hoch. Die Kuba-Amazonen besiedeln alle Landschaftsformen. O. H. Garrido und A. Schwartz (1968) teilen mit, daß auf der im Westen von Kuba gelegenen Halbinsel Guanahacabibes – ein reines Tieflandgebiet – die Amazonen recht stark vertreten sind und durch lautes Geschrei auffallen. In früheren Jahren wurden die Amazonen auf Kuba, wenn sie in die Obstplantagen oder andere Anbaugebiete eingefallen sind, sehr stark gejagt. Heute dürfen keine Amazonen abgeschossen oder gehandelt werden. Anscheinend hat sich durch die totale Schutzmaßnahme der Bestand auf Kuba so erholt, daß mit einer Bedrohung des Bestandes nicht zu rechnen ist.

Amazona leucocephala

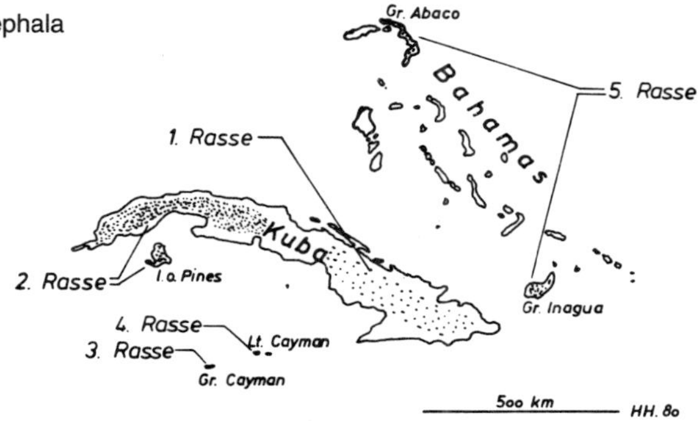

Dagegen sind die dritte Rasse, die auf Grand Cayman, die vierte Rasse, die auf Litte Cayman und Brac Caymann Islands und die fünfte Rasse, die auf Great Inagua und evtl. Abaco vorkommen, sind sehr stark in ihrem Bestand bedroht. Die „Bahama-Rasse" fällt unter das „Gesetz zum Washingtoner Artenschutzübereinkommen" und darf nicht mehr gehandelt werden. Leider gibt es immer noch „Sportsleute", die zum Zeitvertreib Jagd auf diese Vögel machen und somit den restlich verbliebenen kleinen Bestand wohl bald vollständig ausgerottet haben. 1969 hat es nur noch weniger als tausend Tiere der Rasse *bahamensis* auf

Great Inagua gegeben (Fisher 1969). Die Inagua Islands, dem Osten von Kuba vorgelagert, sind mit einer Oberfläche von 1446 qkm sehr gering besiedelt (ca. 1200 Einwohner); im Naturschutzgebiet Windsor Lake siedeln die größten Flamingokolonien der Erde. Auf den anderen Bahamainseln konnte die Rasse nur noch einmal auf Abaco gesichtet werden. Hier muß angemerkt werden, daß zur Bahama-Inselgruppe ca. 700 Inseln unterschiedlichster Größe gehören, wovon nur ca. 20 bewohnt sind. Es ist durchaus möglich, daß die Bahamarasse auch noch auf anderen Inseln vertreten ist, nur liegen hierüber keine Angaben vor. Die Rassen *A. l. caymanensis* und *A. l. hasterne* leben in den trockenen Flachlandländern der inneren Inselgebiete. Eine direkte Bestandsbedrohung scheint noch nicht zu bestehen, obwohl der zur Verfügung stehende Lebensraum nur wenige Quadratkilometer groß ist.
Die Brutzeit der Kuba-Amazonen beginnt im März und dauert bis zum Ausfliegen der Jungen im August an. Die Nisthöhlen befinden sich ab ca. 6 m Höhe über dem Boden und werden regelmäßig benutzt. In der Regel werden 3–4 Eier, in der Größe von 35 × 28 mm, bebrütet. Die Nestlingszeit der Jungen beträgt ca. 60–70 Tage. Nach Beendigung der Jungenaufzucht schließen sich die Familienverbände wieder zu Schwärmen zusammen.
Eine gelbe Kuba-Amazone, die 1939 auf Kuba geschossen wurde, befindet sich in der Sammlung der Akademie der Wissenschaften Kubas im Capitol in Havanna. Alle sonst grün gefärbten Federn sind bei diesem Exemplar gelb. Die anderen Farbpartien zeigen keine Abweichungen.

Haltung/Zucht: Die Nomiatform der Kuba-Amazone wurde im letzten Jahrhundert relativ häufig eingeführt. Heutzutage wird sie sehr selten angetroffen. Nur wenige Liebhaber und zoologische Gärten sind im Besitz dieser seltenen Amazo-

---

Abb. 10 *(oben links):* Die Rotspiegel-Amazone (Amazona agilis) ist die kleinste Art aus der Gattung. Abgebildet ist ein männliches Tier (s. Seite 67). Abb. 11 *(oben rechts):* Die Grünwangen-Amazone (Amazona viridigenalis) wird oftmals, irrtümlicherweise, als Rotstirn-Amazone angeboten (s. Seite 78). Abb. 12 *(unten links):* Diese extrem gefärbte Amazone konnte der Verfasser in Mexiko erwerben. Ein Jahr später entwickelte sich der Vogel zu einer vollkommen normal gefärbten Blaukappen-Amazone (Amazona finschi finschi). Abb. 13 *(unten rechts):* Balzende Blaukappen-Amazone (Amazona finschi finschi), die um die Gunst einer Taubenhals-Amazone (Amazona vinacea) wirbt (s. Seite 81).

nen. Bedingt durch die politische Situation werden in den osteuropäischen Staaten die Kuba-Amazonen häufiger gehalten, meist werden die im Zoo von Havanna gezüchteten Amazonen an osteuropäische Tiergärten weitergegeben. Gelegentlich haben osteuropäische Kuba-Besucher die Möglichkeit, Tiere außer Landes zu nehmen und konnten dadurch einen kleinen Volierenbestand aufbauen.
Dr. K. Ruß berichtet, daß bereits 1885 ein Mischling zwischen Rotbug- *(Amazona aestiva)* und Kuba-Amazone gezüchtet wurde. 1886 wurde vom gleichen Elternpaar wieder ein Junges groß. Das Ei wurde einem 0,1 Edelpapagei untergelegt und das Junge wurde anscheinend vom Edelpapagei großgezogen. Die Rasse *A. l. bahamensis* soll 1909 bei einem englichen Züchter gebrütet haben. Aus 3 gelegten Eiern schlüpfte ein Junges, welches leider bald einging.
In Japan soll in der Zuchtanlage des Prinzen Taka-Tsukasa 1922 eine erfolgreiche Zucht gelungen sein.
Die Keston-Farm, England, konnte 1956 die Aufzucht von 2 Jungen melden. Die Jungen wurden nach dem Ausfliegen von dem Elternpaar gerupft. Nach der Trennung vom Zuchtpaar wuchsen die Federn sehr schnell nach.
Im Zoo von Havanna werden regelmäßig Jungtiere, die dann an osteuropäische Zoos und Liebhaber abgegeben oder in Freiheit entlassen werden, groß.
Eine weitere Nachzucht gelang 1975 in der CSSR (Bernasek 1976). Hier wurden im Mai im Abstand von jeweils 2 Tagen 3 Eier gelegt, die alle befruchtet waren (ein eingedrücktes Ei mußte entfernt werden). Am 26. Bruttag war ein Ei angepickt und am 28. Tag schlüpfte daraus ein Junges. Das dritte Ei war abgestorben und wurde entfernt. Bis zur dritten Lebenswoche wurde das Junge von den Eltern gut gefüttert, mußte aber anschließend einem Paar Nymphensittiche, das gleichzeitig Nachwuchs hatte, untergelegt werden. Die Nymphensittiche haben bis zum Flüggewerden der eigenen Jungen die Amazone mitgefüttert. Von der 7.–10.

Abb. 14 *(oben):* Vermutlich handelt es sich bei dieser Gelbwangen-Amazone (Amazona autumnalis autumnalis) um ein weibliches Tier. Die flache Kopfform sowie die verlaufende Gelbausdehnung der Wangenfedern lassen diese Vermutung zu (s. Seite 87). Abb. 15 *(unten):* Die dritte Rasse der Gelbwangen-Amazone, die Ecuador-Amazone (Amazona autumnalis lilacina) unterscheidet sich recht deutlich von der Nominatform (s. Seite 88).

Woche erfolgte die Fütterung mit einem Löffel durch den Pfleger. Nach der 10. Lebenswoche war die kleine Kuba-Amazone nahezu selbstständig und wurde nur noch ab und zu nachgefüttert. Zwischenzeitlich gelangen weitere Nachzuchten, mit unterschiedlichen Erfolgen, in anderen osteuropäischen Ländern.
In Deutschland sind die Kuba-Amazonen recht spärlich vertreten, viele Liebhaber halten nur Einzeltiere. So ist damit zu rechnen, daß diese farblich schönen Amazonen bald aus den Volieren verschwunden sein werden, wenn sich diese Liebhaber nicht zusammentun und evtl. in gemeinschaftlichen Volierenanlagen Zuchtversuche mit den Kuba-Amazonen unternehmen.

Blaukronen-Amazone **VII D7 3.**
Amazona ventralis (P. L. S. Müller) 1776
engl.: Hispaniolan Amazon, San Domingo Amazon, Salle's Amazon
1 Rasse

Kennzeichen: Größe ca. 28 cm; grün, Federn dunkel gesäumt; Stirn und Zügel weiß; Oberkopf und vordere Wangengegend dunkelblau, schwarz gesäumt; Ohrfleck schwarz; vereinzelte rosarote Federn am Kinn; Bauch dunkel weinrot; Handschwingen blau, zur Spitze hin schwarz; Armschwingen blau, auf der Außenfahne grün; Flügelunterseite blaugrün; Schwanzfedern grün, zur Spitze hin gelbgrün; äußere Schwanzfedern auf der Innenfahne zur Wurzel rot und gelb, auf der Außenfahne blau; nackter Augenring weiß; Iris braun; Schnabel hell hornfarben; Füße fleischfarben.

Jungtiere: matteres Gefieder, nur vereinzelt weinrote Federn am Bauch; Iris dunkelbraun. (Bild Seite 18)

Verbreitung: Dominikanische Republik, Haiti und einige kleine zu diesen Ländern gehörende Inseln sowie auf Puerto-Rico (s. unter Lebensweise).

Amazona ventralis

Lebensweise: Die westindische Antilleninsel Hispaniola mit den Staaten Haiti im Westteil und der Dominikanischen Republik im Ostteil der Insel sowie einige kleine, vorgelagerte Inseln, sind die Heimat der Blaukronen-Amazonen.

Hispaniola liegt in den Randtropen, wobei die mittlere Jahrestemperatur 26°C beträgt. Mehrere Gebirgszüge, die vom Nordwesten zum Südosten verlaufen, durchziehen die Insel und sind durch Tiefländer voneinander getrennt. Die höchste Erhebung bildet der Pico Duarte mit 3175 m, der gleichzeitig der höchste Berg auf allen Westindischen Inseln ist. Die wichtigsten Flüsse von Hispaniola entspringen am Pico Duarte.

Die sehr ungleich fallenden Niederschläge prägen das Vegetationsbild der Insel. Auf den Luvseiten der Gebirge wird immergrüner Regenwald und Bergwald angetroffen. Die Leehänge werden von laubabwerfenden Trockenwäldern, die in höheren Lagen in Feucht- und Bergwälder übergehen, bedeckt. Die Tiefebenen teilen sich ebenfalls in zwei Vegetationszonen. Die trockenen Gebiete sind mit Trockenwald bedeckt bzw. nehmen savannenartige Formen an; die feuchten Zonen, die hohe Niederschläge erhalten, sind mit immergrünem Regenwald, soweit sie nicht landwirtschaftlich genützt werden, bewachsen. Die wichtigste wirtschaftliche Grundlage in Haiti sowie in der Dominikanischen Republik ist die Landwirtschaft. Durch ständige Urbarmachungen fallen immer mehr Landstriche der „Neuzeit“ zum Opfer. Zur Zeit ist die Insel zur Hälfte noch mit Wald bedeckt, aber der zunehmende Holzschlag hinterläßt bereits recht bedrohlich seine Spuren.

Die Blaukronen-Amazonen sind auf Hispaniola zahlreich vertreten und werden in allen Landschaftsformen angetroffen. Der Tagesablauf der Blaukronen-Amazone ist wie bei nahezu allen Amazonenarten sehr geregelt. Nach Sonnenaufgang verlassen die Papageien in sehr kleinen Gruppen, meistens zwei bis drei Vögel, ihre Schlafbäume und begeben sich laut kreischend auf Nahrungssuche. Sobald sich die Vögel in den Baumkronen niedergelassen haben, verstummen sie und sind dann durch ihre Färbung im Blattwerk nicht mehr erkennbar. Nahrung steht den Blaukronen-Amazonen reichhaltig zur Verfügung. Gerne suchen die Amazonen Maisanbaugebiete und Obstplantagen auf und tun sich an den Samenständen gütlich. In landwirtschaftlichen Anbaugebieten stellt man den Vögeln wegen des Schadens, den sie anrichten, nach. Gegen Abend fliegen die Vögel zu ihren Schlafbäumen zurück. Auf solchen Ruhebäumen versammeln sich oft 200–300 Amazonen.

Die Brutzeit beginnt im März. In verlassene Spechthöhlen oder andere Baumhöhlen werden 2–4 Eier, Größe ca. 35,7 × 27,6 mm, gelegt und ca. 25 Tage bebrütet. Die männlichen Tiere beteiligen sich, wie es bei allen Amazonenarten üblich ist, nicht am Brutgeschäft. Der einzige Beitrag, den die Hähne leisten, ist die Fütterung der Henne. Nach einer Nestlingszeit von ca. 52–60 Tagen verlassen die Jungvögel das Nest, werden dann aber mehrere Wochen von den Altvögeln versorgt.

Auf Puerto Rico, im westlichen Inselteil, werden heute vereinzelt Blaukronen-Amazonen angetroffen. In den 60er-Jahren sollen einige hundert junge Amazonen nach Puerto Rico eingeschifft worden sein. Nachdem keine amtliche Gesundheitsbescheinigung für die Vögel vorgelegt werden konnte, wurden die Tiere außerhalb des Küstenbereichs freigelassen. Viele Amazonen konnten das Festland erreichen und sich gut einbürgern. In San Germàn, Puerto Rico, konnte Bond (1971) zwei Nester von Blaukronen-Amazonen ausfindig machen. Vermutlich sind heute mehr Blaukronen-Amazonen als Puerto-Rico-Amazonen *(A. v. vittata)* auf der Insel anzutreffen.

Haltung/Zucht: Auf Hispaniola werden die Blaukronen-Amazonen sehr gern von der einheimischen Bevölkerung als Käfigvögel gehalten. Am Himmelfahrtstag sollen auf der Insel, nach Meinung der Bevölkerung, die Jungvögel die Nester verlassen. Viele Leute suchen an diesem Tag nach jungen Amazonen, um sie dann auf Märkten als Haustiere zu verkaufen.

In Europa sind die Blaukronen-Amazonen recht spärlich vertreten. Im Vogelpark Walsrode werden (1980) zwei dieser Amazonen gezeigt.

Vermutlich gelang 1971 dem Zoo von Jersey die erste Nachzucht. Seit 1964 pflegte der Zoo vier Amazonen in seinem tropischen Vogelhaus. 1968 wurden zum ersten Mal Eier gelegt. Das Gelege war allerdings unbefruchtet. Im April 1969 wurden 3 Eier gelegt, von denen eines befruchtet war, aber nicht schlüpfte. Erst 1971, nachdem im Jahr zuvor dem Bemühen der Amazonen ebenfalls kein Erfolg beschieden war, schlüpfte aus einem Gelege von 3 Eiern, nach einer Brutzeit von ca. 25 Tagen, ein Junges. Die beiden anderen Eier waren unbefruchtet. Das Weibchen wurde während der Brutzeit regelmäßig vom Männchen gefüttert und kam, nachdem der Jungvogel etwa 35 Tage alt war, zum ersten Mal wieder zur selbständigen Nahrungsaufnahme aus dem Nistkasten. Das Junge verließ nach 61 Nestlingstagen für wenige Minuten den Brutblock und eine Woche später hat es mit den Altvögeln im Freien übernachtet. Nach 13 Lebenswochen war das Junge vollkommen selbständig.

Bei einem Schweizer Liebhaber (Finck 1979) konnte 1979 ein erfolgreicher Zuchtversuch mit Blaukronen-Amazonen abgeschlossen werden. Im Januar 1978 standen vier Vögel zur Verfügung. Zwei Tiere kristallisierten sich als Paar heraus, und bereits im September 1978 legte die Henne, nach vorangegangener Paarung sowie Fütterung durch den Hahn, die ersten vier Eier. Nach 30 Tagen wurden die Eier, nachdem alle unbefruchtet waren, entfernt. Da im Winter ein Ortswechsel stattfand, interessierte sich das Paar erst wieder im April für den Brutkasten. Das in der Nachbarvoliere gehaltene Paar dürfte dabei wohl stimulierend gewirkt haben.

Ab dem 1. Mai wurden verstärkt Paarungsversuche festgestellt. In der Zeit vom 5. Mai bis 13. Mai (5. 5./7. 5./11.5/13. 5.) wurden vier weiße Eier gelegt und ab dem 7. Mai fest bebrütet.

Am 1. Juni wurde ein erstes leises Piepsen vernommen, die Brutdauer liegt also bei ca. 25/26 Tagen. Am 2. 6. schlüpfte das zweite Junge. Das Dritte schlüpfte ca. am 7. 6. Das vierte Junge wurde bei der Kontrolle am 10. 6. festgestellt, nachdem die Alttiere kurzfristig entfernt werden konnten. Mit einem Lebensalter von 8–10 Tagen sieht man die graublauen Blutkiele durch die Haut schimmern, die noch jüngeren Vögel sind rosa-fleisch-farben. Der Eizahn ist noch vorhanden. Ab dem 15. Lebenstag stoßen die Federkiele durch. Ab dem 20 . Tag platzen die Kiele auf. Die Jungen zwitschern schon. Am 29. Tag wird auf das Geschrei der Eltern geantwortet. Am 30. Tag sind die Flügel und Schwänze zu 1/3 fertig. Die Flügeldeckfarben haben orangefarbene Säume. Die Körperfedern gehen auf. Am 40. Tag sind die Jungen nahezu vollständig befiedert, flattern lustig und schauen ab und zu aus dem Einschlupfloch. Mit 52 Tagen kommt das erste Junge aus dem Kasten, die anderen folgen fast im Legeabstand nach. Bis zum 10. 8. haben die Jungen zum Schlafen den Kasten aufgesucht und nehmen ab diesem Zeitpunkt auch schon selbständig Futter auf. Ab dem 20. 8. sind sie nahezu selbständig. Die Jungen sind in den Farben etwas stumpfer. Das bei erwachsenen Tieren weiße Stirnband ist bei den Jungvögeln beinahe gelb. Die Schnäbel haben schwarze Flecken. Die Iris ist noch ganz dunkel. Ein sichtbarer Geschlechtsunterschied ist an der Färbung der Krallen erkennbar (?); die weiblichen Blaukronen-Amazonen haben hornfarbene bis graue Krallen, die männlichen Tiere haben schwarze Krallen. Dieses Merkmal ist bereits bei Jungtieren festzustellen.

1980 wurden vom selben Amazonenpaar erneut 4 Junge großgezogen.

Erfolgreiche Blaukronen-Amazonen-Nachzuchten meldet das Feldzentrum im Luquillo-Wald-Gebiet (El Yungue National Forest) auf Puerto Rico.

Goldzügel-Amazone **VII D7 4.**

Amazona xantholora (G. R. Gray) 1859
engl.: Yellow-lored Amazon
1 Rasse

Kennzeichen: Größe ca. 26 cm; grün, dunkel gesäumt; Vorderkopf und Stirn weiß; schmaler Streifen über der Wachshaut goldgelb; Zügel goldgelb; Scheitel blautürkis; um das Auge erstreckt sich ein rotes, brillenförmiges Band; großer Ohrfleck schwarz, leicht mit grün durchsetzt; Handschwingen grün, zur Spitze violettblau, an Wurzel rot; Schwanzfedern grün mit hellgrünen Spitzen, die äußeren an der Basis rot; Schnabel gelblich, Iris rotbraun, Augenring weiß; Füße gelbgrau.

0,1 ohne goldgelben Streifen über der Wachshaut (?); Zügel nicht so kräftig goldgelb wie bei 1,0; Rot um die Augengegend nicht so ausgedehnt; Rot an den Wurzeln der Handschwingen nicht vorhanden.

Jungvögel: goldgelber Zügel nur angedeutet; Stirn und Vorderkopf türkisblau; breites Band ums Auge grün, mit wenig roten Federn durchsetzt; Ohrfleck nur ganz leicht angedeutet; Iris braun; Handschwingen wie Altvögel; Augenring weißgrau. (Bild Seite 35)

Verbreitung: SO-Mexiko auf der Yukatan Halbinsel in den Provinzen Süd-Yukatan, Quintana Roo und SO-Campeche sowie Insel Cozumel; Belize und Insel Roatán vor Honduras.

Amazona xantholora

Lebensweise: Ob es sich bei *A. xantholora* um eine eigenständige Art oder eine weitere Rasse der Weißstirn-Amazone *(a. albifrons)* handelt, dürfte noch nicht endgültig geklärt sein, zumal die Körpergröße, Färbung und der Ruf nahezu identisch sind und sich das Verbreitungsgebiet wohl berührt, aber höchstwahrscheinlich gegeneinander abgegrenzt ist. Ebenso wie bei der Weißstirn-Amazone ist bei der Goldzügel-Amazone der markante Geschlechtsunterschied – rote Daumenfittiche bei 1,0 und grüne Daumenfittiche bei 0,1, jeweils nur sichtbar bei ausgebreiteten Flügelfedern, – bereits bei den Jungvögeln erkennbar. Diese geschlechtsspezifischen Merkmale sind so eindeutig und lassen daher die Vermutung zu, daß die Goldzügel-Amazone, die vierte Rasse von *A. albifrons* ist. Dagegen ist zu bezweifeln, daß gemeinsame, von *A. albifrons nana* und *A. xantholora* gebildete Schwärme, gesichtet sein sollen, da eine große Fluchtdistanz von den Vögeln ein-

gehalten wird. Eine „Arten“- oder „Rassen“-Unterscheidung der Amazonen während des Fluges scheidet auf jeden Fall aus. Es ist anzunehmen, daß sich das Verbreitungsgebiet von *A. albifrons nana* auf den westlichen und nördlichen Teil der Yukatan-Halbinsel erstreckt und das Vorkommen von *A. xantholora* auf die südöstlichen Gebiete der Yukatan-Halbinsel fällt. Allerdings berichtet Klaas (1968), daß er in Nähe der Stadt Champoton, am Golf von Mexiko, in der Provinz Campeche, einen großen Schwarm Goldzügel-Amazonen zusammen mit Weißstirn-Amazonen *(A. albifrons nana)* sichtete. Paynter (1955) hat in der selben Gegend mindestens 1500 Vögel beobachtet und konnte sich auf kürzeste Distanz nähern. Gemeinsam mit der Weißstirn-Amazone konnte er sie nie sichten. Als Lebensraum bevorzugen die Amazonen die gemischten Laub- und Pinienwälder. Die Regenwälder werden gemieden. Die „Schlafbäume“ werden über längere Zeit regelmäßig von ganzen Schwärmen benutzt. Bei Sonnenaufgang verteilen sich kleinere Trupps in die unterschiedlichsten Richtungen und gehen auf Nahrungssuche. Bei Sonnenuntergang werden die angestammten „Schlafbäume“ wieder aufgesucht. Auf die Insel Cozumel scheinen die Vögel nur Tagesreisen vom 15 km entfernten Festland aus zu unternehmen. Man hat beobachtet, daß jeden Morgen vom Festland aus unterschiedlich große Schwärme zur Insel hinüberflogen, sich auf der Insel verteilten und am Abend nach Quintana Roo zurückkehrten (Griscom 1926). Brutbäume konnten auf Cozumel nicht entdeckt werden. In Belize scheinen sie nicht so häufig zu sein. Auf der Insel Roatán vor Honduras wurde 1947 ein Vogel gefangen. Das Vorkommen ist hier auf die hügeligen Pinienwälder begrenzt.
Die Brutzeit der Goldzügel-Amazonen fällt in die Trockenmonate März bis Juni. In den Monaten April und Mai konnten in Belize insgesamt vier Nester mit Jungvögeln ausfindig gemacht werden.

Haltung/Zucht: Die Goldzügel-Amazone, eine der kleinsten ihrer Art, wird in Gefangenschaft sehr selten gehalten. Vermutlich wird sie dann außerdem in den meisten Fällen mit der Weißstirn-Amazone verwechselt. Der Zoologische Garten Berlin war in der Zeit während des ersten Weltkrieges im Besitz einer Goldzügel-Amazone. 1977 gelangten von Deutschland 3,1 Goldzügel-Amazonen zu einem Schweizer Liebhaber (Meier, 1980). Die Goldzügel-Amazonen wurden mit 1,3 (1 Hahn/3 Hennen) Weißstirn-Amazonen *(A. albifrons)* in einer 3,0 × 2,3 m großen Voliere untergebracht. In der Voliere herrschte eine konstante Temperatur von 25°C und eine Luftfeuchtigkeit von 60–80%. Am 20. 6. 80 wurde bei der täglichen Fütterung bemerkt, daß das Goldzügel-Amazonenweibchen sich im dritten Niststamm aufhielt. Bei einer am 4. 7. durchgeführten Kontrolle wurden mindestens 3 Eier gesehen. Am 15. 7. schlüpften die ersten beiden Jungen. Am

22. 7. wurden drei große und ein kleines Junges sowie ein weiteres Ei festgestellt. Im Nistkasten herrschte eine hohe Luftfeuchtigkeit, da sich die Henne am täglichen „Regenbad" beteiligte und mit nassem Gefieder den Brutblock aufsuchte. Am 31. 7. öffneten die drei zuerst geschlüpften Jungvögel bereits die Augen, langsam stießen auch die Federkiele durch. Am 11. 8., nach etwa 4 Lebenswochen, erkannte man bereits an den Handschwingen, daß es sich um drei Männchen und ein Weibchen handelte (die Wurzeln der Handschwingen sind bei den Hähnen rot und bei der Henne grün).

Erwähnenswert ist, daß sich außer dem Brutpaar noch 2 Goldzügel- und 4 Weißstirn-Amazonen in der Voliere befanden und zwischen den Tieren keine Streitereien entstanden, die zum Abbruch des Brutgeschäftes hätten führen können. Allerdings vertritt der Verfasser die Meinung, daß eine sogenannte Gemeinschaftszucht immer mit einem gewissen Risiko verbunden ist. Wenn man davon ausgeht, daß ein zuchtreifes Paar zwei bis drei Wochen vor den anderen, in der selben Voliere gehaltenen Paaren brutlustig wird und dann bereits Eier zu dem Zeitpunkt im Nistkasten abgelegt hat, zu dem die anderen Paare mit der Balz beginnen, so muß mit Sicherheit angenommen werden, daß der Brutablauf des ersten Paares merklich gestört wird. Unter Umständen kann es dann zu Streiterein um die Nistplätze kommen, wobei bereits abgelegte Eier oder gar vorhandene Jungtiere Schaden nehmen könnten.

Weißstirn-Amazone (Brillenamazone) VII D7 5.

Amazona albifrons (Sparrman) 1788
engl.: White-fronted Amazon; White-browed Amazon; Spectacled Amazona Parrot
3 Rassen

---

1. *Amazona albifrons albifrons* (Sparrman)

Kennzeichen: Größe ca. 26 cm; grün; Nacken und Rückenfedern dunkel gesäumt; Vorderseite heller grün; leicht gesäumt; schmales Stirnband über Nase, Zügel und Augenregion rot; Stirn weiß, manchmal mit gelben Federn durchsetzt; Oberkopf grünbläulich; leuchtend rot ausgebildeter Flügelrand und Daumenfittiche; Außenfahne der Hand- und die Fahnen der Armschwingen intensiv blau; Basis der Schwanzfedern rot; Schnabel gelblich; Iris orangebraun; nackter Augenring weiß bis hellgräulich; Füße gelblich braungrau.

0,1 ohne roten Flügelrand und rote Daumenfittiche; Blau auf Hand- und Armschwingen nicht so intensiv, Rot um die Augenregion nicht so stark ausgeprägt. Jungtiere nur vordere Augenregion rot; Stirn gelb; Zügelgegend wenig befiedert; Schwingen wie Altvögel.

Verbreitung: Mexiko entlang der Pazifikküste von Nayarit südlich bis SW-Guatemala.

2. *Amazona albifrons saltuensis* (Nelson)

Kennzeichen: Wie Nominatform, aber blaugrün auf Oberkopf bis Nacken ausgedehnt.

Verbreitung: Mexiko vom südlichen Sinaloa und SW-Durango entlang der Pazifikküste bis S-Sonora.

3. *Amazona albifrons nana* (W. de W. Miller)

Kennzeichen: Wie erste Rasse, aber Brust- und Bauchfedern dunkler gesäumt, Ohrgegend dunkler grün; etwas kleiner.

Verbreitung: Mexiko entlang der Golf- und Karibikküste von SO-Veracruz über Yukatan-Halbinsel südlich bis NW-Costa-Rica.
(Vergl. zu *A. a. nana* auch VII D7 4. = *A. xantholora).*

Lebensweise: Die Weißstirn-Amazone ist ein Vogel der trockenen Busch- und Laubwälder. Die feuchttropischen Tiefländer sowie Regenwälder werden gemieden bzw. nur gelegentlich aufgesucht. In Süd-Sonara sah man ihn auch in den trockenen, mit Kakteen bewachsenen Landschaftsteilen.
An der mexikanischen Pazifiksteilküste ist die Weißstirn-Amazone ständig zahlreich vertreten. Die Rasse *A. a. nana,* die die mittelamerikanische Ostküste besiedelt, scheint nicht so häufig zu sein, zumindest ist sie nicht so leicht aufzuspüren, da die Vögel hier in den mäßig hohen Regenwäldern heimisch sind. Die auf der Yukatan-Halbinsel von den Weißstirn-Amazonen besiedelten Landschaftsformen scheinen sich gegen die von der Goldzügel-Amazone *(A. xantholora)* bewohnten Zonen abzugrenzen. Klass berichtet zwar, daß er bei der Stadt Champoton in der Provinz Campeche 1968 einen großen gemischten Schwarm Weißstirn- und Goldzügel-Amazonen sichtete. Der Verfasser bezweifelt aber diese Angaben, da es unmöglich scheint, auf Distanz die beiden Amazonenarten zu unterscheiden. Paynter konnte in der Gegend von Champotón nur Goldzügel-Amazonen ausmachen. Russel (1964) führt aus, daß diese Vogelart in Belize ganz selten vorkommt;

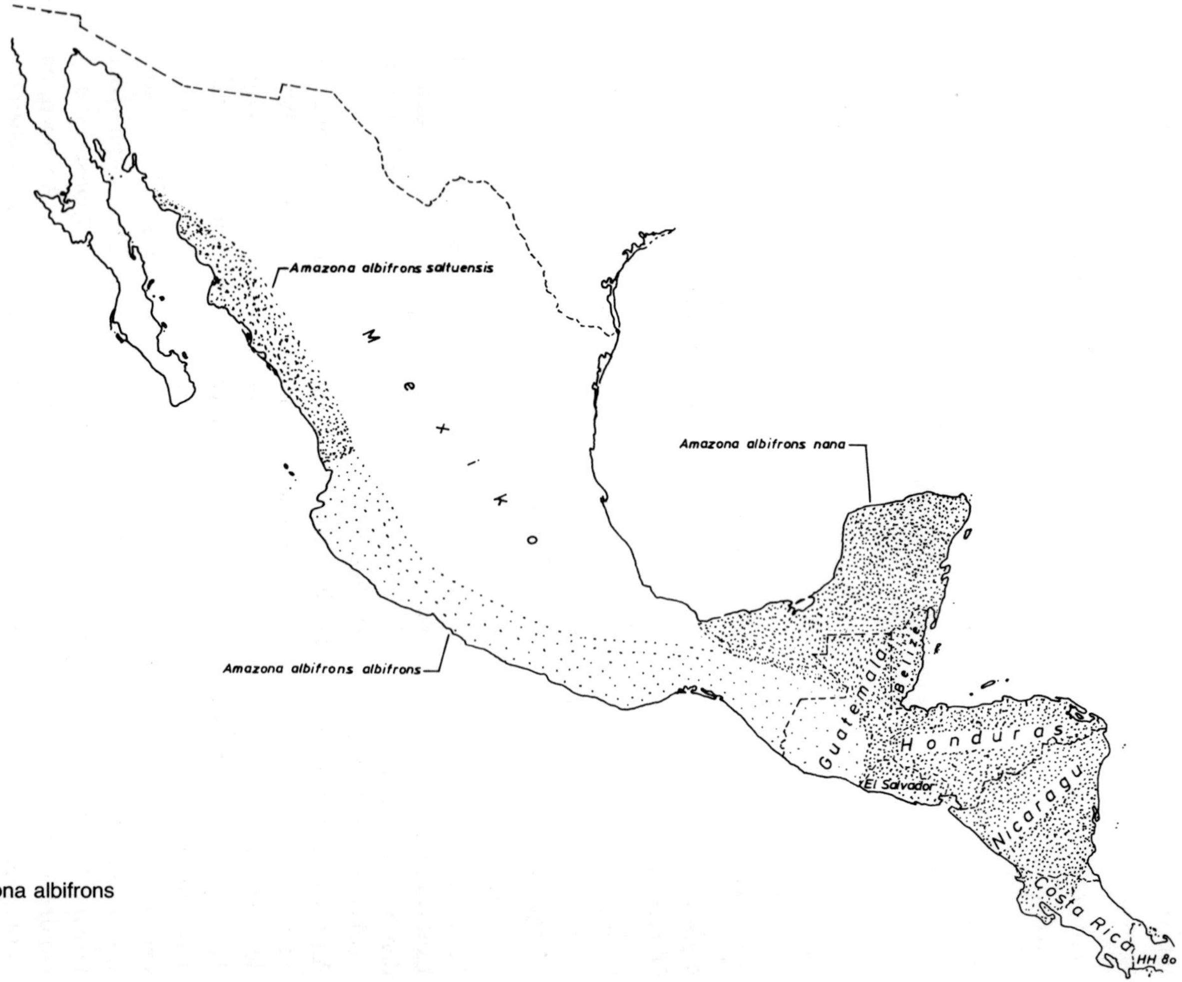

Amazona albifrons

dagegen konnte er die Goldzügel-Amazone in ehemals Brit.Honduras häufiger beobachten. Die von den Weißstirn-Amazonen bevorzugten Lebensräume unterscheiden sich auch hier von denen der Goldzügel-Amazone. Die These, daß die *A. xantholora* die vierte Rasse der Weißstirn-Amazonen bilden könnte, sollte durch eingehende Untersuchungen der Lebensräume speziell in den Gebieten, wo beide Arten aufeinander treffen oder sogar das gleiche Verbreitungsgebiet besiedeln, eingehend überprüft werden.
In Guatemala, El Salvador, NW-Costa-Rica und Honduras beleben sie die selben Landschaftsformen wie in Mexiko, scheinen aber jahreszeitlich bedingte Wanderungen zu unternehmen. In der Regel bewohnen die Amazonen die Tiefländer, kommen aber auch in Höhen bis zu 1800 m vor. Die Brutzeit beginnt in den südlichen Regionen des Verbreitungsraumes ca. im März, im nordwestlichen Mexiko ca. April/Mai. Die Brutzeit beträgt 25/26 Tage, die Nestlingszeit ca. 7–8 Wochen. Die etwas rundlichen Eier sind ca. 30,3 × 22,7 mm groß. Nach Beendigung der Brutzeit und Aufzucht bilden die kleinen Familienverbände wieder kleine Schwärme. In den Abendstunden werden dann die sogenannten „Schlafbäume“, die auch von anderen Schwärmen aufgesucht werden, angeflogen. An solchen „Treffpunkten“ können oft über tausend Amazonen anwesend sein, wobei sie durch die große Lärmentwicklung aus weiter Entfernung auszumachen sind. Morgens verteilen sie sich wieder in kleine Gruppen, um auf Nahrungssuche zu gehen. Dabei ernähren sich die Weißstirn-Amazonen hauptsächlich von Palmfrüchten, Beeren, Blatt- und Blütenknospen, Feigen sowie auch kultivierten Früchten, Mais und Getreide. Bei Einfall in Plantagen können sie großen Schaden anrichten. Während der Nahrungsaufnahme sowie während der Mittagszeit verhalten sich die Tiere äußerst ruhig, dagegen wird beim Flug die Stimme, die metallisch rauh klingt, sehr kräftig erhoben.

Haltung/Zucht: In den letzten Jahren gelangten die Weißstirn-Amazonen öfters nach Deutschland und werden sporadisch vom Tierhandel angeboten. Obwohl sie farblich sehr ansprechend sind, werden sie von der Käuferschicht, die sich einen sprechenlernenden Amazonen-Papagei für die Käfighaltung anschaffen möchten, nicht so gern erworben. Vermutlich spielt die geringe Körpergröße dieser Amazone dabei eine Rolle. Blaustirn- oder Venezuela-Amazonen, die doch merklich größer sind, und allgemein auch bekannter, werden bevorzugt gekauft. Jung erworbene Weißstirn-Amazonen sind genau so liebenswürdig in ihrer Art wie die größeren Artverwandten. Das Nachahmungstalent ist nicht so ausgeprägt wie z. B. bei einer Gelbscheitel-Amazone, allerdings ist anzumerken, daß es über ihre Sprachbegabung sehr wenig Informationen gibt. Vorliegende Berichte sollten daher nicht verallgemeinert werden. Oft sind bereits ganz junge Tiere, die noch eine gelbe Stirn besitzen, im Handel zu finden. Für eine Einzelhaltung und Zähmung sind diese Tiere auf jeden Fall den älteren Artgenossen vorzuziehen. Dies trifft generell für alle Amazonenarten zu.

1977 gelang einem deutschen Züchter vermutlich die erste europäische Nachzucht. Der erste Zuchterfolg überhaupt soll 1922 in Japan gelungen sein. In den USA wurden 1948 Junge groß. Der Züchter Müller hielt bei sehr hoher Luftfeuchtigkeit unter anderem ein Paar Weißstirn-Amazonen in einem Gewächshaus. Im März begann eine ca. 14-tägige Balzzeit. Während dieser Zeit waren die Tiere besonders laut. Die Eiablage erfolgte am 27. und 29. Mai. Eine Nistkastenkontrolle war wegen der Angriffslust des Weibchens nahezu unmöglich. Am 26. Juni konnte ein leises Piepsen aus dem Brutkasten vernommen werden. Das Zuchtpaar konnte abgelenkt und eine Brutblockinspektion durchgeführt werden. Ein gut gefüttertes Junges, ein abgestorbenes und ein unbefruchtetes Ei wurden festgestellt. In der 4. Lebenswoche des Jungtiers stellte man fest, daß der rechte Fuß leicht verkrümmt und der rechte Flügel in der Ausbildung unterentwickelt waren. Außerdem hatte die kleine Amazone sehr wenig Flaumfedern. Es wurde vermutet, daß durch die einseitige Ernährung der Alttiere vor der Brut, – sie haben in dieser Zeit nur Körnerfutter aber kein Gemüse und Obst zu sich genommen – die Mangelerscheinung beim Jungen hervorgerufen wurde. Es könnte aber durchaus eine Verletzung in den ersten Lebenstagen eingetreten sein. Nach der 4. Lebenswoche hat das Weibchen nicht mehr im Brutblock übernachtet. So war es möglich, dem Jungen zusätzlich ein Vitaminpräparat zu verabreichen. Am 28. August verließ die kleine Amazone gut befiedert den Brutkasten und wurde weiterhin vom Weibchen gefüttert. Vom Männchen wurde es abgewehrt und wenige Tage später sogar verfolgt und gebissen. Mit verletzten Flügeln und Fuß mußte das Junge daraufhin entfernt werden.

Ein weiterer Zuchterfolg gelang einem Schweizer Züchter (Böni 1979). Bei der am 26. Februar 1979 durchgeführten Fütterung wurde bemerkt, daß das 0,1 anormal schwer atmete. Beim Verlassen der Voliere war die Atmung wieder normal. Beim nochmaligen Betreten der Voliere wiederholte sich der anormale Atmungsvorgang, (übrigens wurde diese vorgetäuschte Atemnot auch bei dem deutschen Zuchtpaar beobachtet; dasselbe konnte der Verfasser ebenfalls bei einer Diadem-Amazone bemerken). Daraufhin wurde sofort der vorhandene 30 × 30 × 50 cm große Nistkasten – das Einstiegsloch hatte einen Durchmesser von 9 cm – inspiziert. Zur größten Überraschung wurden 2 Eier festgestellt. Die Eier waren 38 mm lang, Durchmesser 26 mm, 10 g schwer und wichen von der Größe, die Schönwetter (1964) angibt, merklich ab.

Am 27. Februar lag das dritte Ei im Kasten. Bei der am 3. März erfolgten Kontrolle bemerkte man, daß mindest 1 Ei befruchtet war. Die Temperatur in der Vo-

liere wurde daraufhin auf 18–20° C und die Luftfeuchtigkeit auf 80% gesteigert. Am 23. März konnte das erste Piepsten vernommen werden. Da vermutlich nach Ablage des dritten Eies fest gebrütet wurde, liegt eine Brutdauer von ca. 26 Tagen vor. Das zweite Junge schlüpfte am darauffolgenden Tag. Nach 18–20 Tagen stießen die ersten Federkiele durch. Nach 28 Tagen waren sie, besonders die Flügel, schon recht gut befiedert. Am 11. Mai flog das erste Junge aus, das zweite folgte am 12. Mai. Die Nestlingszeit betrug somit ca. 50 Tage.
Das Männchen, das sich auch während der Nestlingszeit bestens um die Jungen kümmerte, hat auch nach dem Ausfliegen die Jungen weiterhin gut versorgt.
Die Jungen konnten geschlechtlich sofort bestimmt werden; der männliche Vogel hatte rote, der weiblich grüne Daumenfittiche.
Es ist anzumerken, daß das adulte 0,1 am linken Fuß nur noch die Daumenzehe besaß und trotz dieses Handikaps voll zuchtfähig war.

Rotspiegel-Amazone **VII D7 6.**
Amazona agilis (Linnaeus) 1758
engl.: Black-billed Amazon; All-green Amazon; Active Amazon
1 Rasse

Kennzeichen: Größe ca. 25 cm; dunkelgrün; Oberkopf dunkel bläulichgrün; oftmals rote Federn auf der Stirn; Halsfedern dunkel gesäumt; Ohrfleck dunkel angedeutet; Hand- u. Armschwingen dunkelbau; Armschwingen zur Wurzel hin grün; kleiner roter Flügelspiegel, 0,1 ohne Rot; Flügelunterseite blaugrün; Schwanz grün; äußere Schwanzfedern blau, auf Innenfahne zur Wurzel hin gelbgrün mit rotem Fleck; Iris dunkelbraun; nackter Augenring dunkelgrau; Schnabel dunkelgrau; Füße dunkelgrau. (Bild Seite 53)

Verbreitung: Im Inneren der Insel Jamaika.

Amazona agilis

Lebensweise: Die zu den Großen Antillen zugehörige Insel Jamaika ist die Heimat der Rotspiegel-Amazone. Mit einer Landfläche von 10962 qkm ist Jamaika mit 192 Einwohnern/qkm recht dicht besiedelt und hat sich nach dem zweiten Weltkrieg vom Agrar- zum Industriestaat entwickelt. Gleichfalls hat der Tourismus erheblich zugenommen. Im Landesinneren wird im großen Umfang die Rinderzucht betrieben, was natürlich zu einer Versteppung der Busch- und Waldlandschaft führen kann. Neuerdings bemüht sich die Regierung um die Aufforstung der kleinen, noch vorhandenen Waldgebiete.
Hauptsächlich kommen die Rotspiegel-Amazonen in den Feuchtwäldern um den Mount Diablo im Landesinnern, sowie in dem westlich angeschlossenen Cockpit Country vor. In den John Crow Mountains (östl. Teil der Blue Mountains) konnten die Rotspiegel-Amazonen, obwohl sie im letzten Jahrhundert in diesem Gebiet noch zahlreich vertreten waren, nicht mehr beobachtet werden.
Außerhalb der Brutzeit bilden die Rotspiegel-Amazonen, auch gemeinsam mit der zweiten auf Jamaika vorkommenden Amazonenart, der Jamaika-Amazone *(Amazona collaria),* kleine Schwärme und gehen dann zusammen auf Futtersuche. Nur während des Fluges, wenn sie das typische Amazonengeschrei ertönen lassen, das übrigens dem der Jamaika-Amazone ähnlich ist, machen die Rotspiegel-Amazonen auf sich aufmerksam. Während der Nahrungsaufnahme in den hohen Bäumen und Palmen verhalten sich die Vögel sehr ruhig und sind angesichts ihrer einheitlichen Grünfärbung im Blätterwerk der Bäume kaum zu entdecken.
Über die Brutgewohnheiten ist nur bekannt; daß sie 2–4 Eier in höher gelegenen Baumhöhlen ab ca. April bebrüten.
Es scheint so, nach den spärlichen Beobachtungen und Aufzeichnungen zu schließen, daß die Rotspiegel-Amazonen in ihrem Bestand abnehmen und nur durch gesetzliche Maßnahmen in ihrer derzeitigen Populationsstärke erhalten bleiben können.

Haltung/Zucht: Die Rotspiegel-Amazone, eine der kleinsten Art ihrer Gattung, ist in Deutschland sehr selten vertreten und befindet sich nur in der Hand weniger Liebhaber. Im letzten Jahrhundert gelangten nur gelegentlich Einzelexemplare in Liebhaberhände. In Englang werden vereinzelt Rotspiegel-Amazonen angetroffen; so pflegte der Londoner Zoologische Garten Anfang der 70er Jahre ein Exemplar. Diese Amazone soll gegenüber Artgenossen und anderen Papageien-Arten recht verträglich sein.

Puerto Rico-Amazone **VII D7 7.**
Amazona vittata (Boddaert) 1783
engl.: Puerto Rican Amazon; Red-fronted Amazon
nur noch eine Rasse (2. Rasse ausgestorben)

---

1. *Amazona vittata vittata* (Boddaert)

Kennzeichen: Größe ca. 30 cm; dunkelgrün, Unterseite etwas heller; alle Federn auf der Oberseite besonders Kopf und Nacken dunkel gesäumt; Zügel und Stirnband dunkelrot; Flügelrand manchmal rot; Handschwingen und äußere Armschwingen stahlblau, an der Spitze der Handschwingen schwarzblau; Flügelunterseite bläulich grün; Schwanzfedern dunkelgrün, heller grün gesäumt; äußere Schwanzfedern an der Außenfahne blau, an der Basis der Innenfahne rot; Schnabel gelblich horngrau; nackter Augenring weiß bis braun; Füße gelblich.

Verbreitung: Nordöstliches Puerto Rico

2. *Amazona vittata gracilipes* (Ridgway)

Kennzeichen: Kleiner als Nominatform; Füße ebenfalls kleiner.

Verbreitung: Insel Culebra (östl. von Puerto Rico); evtl. Insel Vieques (ca. 20 km südl. von Culebra).
Die Culebra-Rasse der Puerto Rico-Amazone muß in der Zeit von 1900–1912 ausgestorben sein. 1899 wurde sie noch häufig auf der 28 qkm großen Insel angetroffen. 1912 suchte man bereits vergeblich nach ihr. 1927 wurde Wetmore auf der Vieques-Insel berichtet, daß dort früher Papageien in den dichten Wäldern des südlichen Inselteils beobachtet worden waren. Sollten jemals Puerto Rico-Amazonen auf Vieques gelebt haben, so müssen sie dort ebenfalls um die Jahrhundertwende ausgestorben sein. Drei Präparate der *Amazona vittata gracilipes* befinden sich im US-National-Museum, Washington.

Amazona vittata

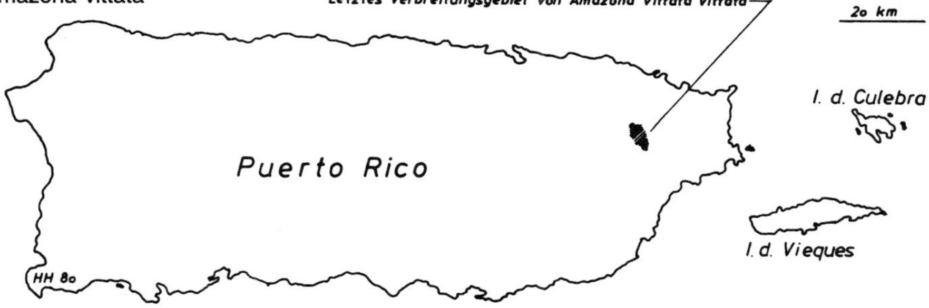

Lebensweise: Die Insel Puerto Rico, 1493 von Kolumbus auf seiner zweiten Fahrt entdeckt, diente in den vorangegangenen Jahrhunderten als großer Holzlieferant. Um die letzte Jahrhundertwende erreichte der Holzschlag seinen Höhepunkt und Niedergang. Heute ist die Insel Puerto Rico die am dichtest besiedelte Insel der Großen Antillen (350 Einw./qkm) und hat sich vom Agrar- zum Industrieland entwickelt. Der Verbreitungsraum der Puerto-Rico-Amazone wurde durch den Jahrhunderte andauernden Holzschlag immer mehr eingeengt. Heute steht als letzte Zufluchtsstätte für die restlichen Amazonen nur noch der ca. 44 Quadratmeilen große, unter Naturschutz stehende, Luquillo Bergwald zur Verfügung. Dieses im nordöstlichen Teil von Puerto Rico gelegene Waldgebiet mit einer höchsten Erhebung von 1065 m ist bis in 400 m Höhe ein tropischer Regenwald, danach ein immergrüner Bergwald mit sehr dichten Beständen der „Sierrapalme". Bei der Zählung, die vom August 1953 bis zum März 1956 im „Luquillo National Forest Reserve" durchgeführt wurde, ergab sich als Bestand nur ein Schwarm mit ca. 200 Vögeln; vermutlich der restliche Bestand an Puerto Rico-Amazonen. Recher und Recher sahen 1966 nur noch 15 Vögel und schätzten den lebenden Bestand auf max. 50 Tiere. 1968 stellte Dr. C. Kepler fest, daß nur noch etwa 20 Amazonen vorhanden waren. 1971 ging die Population auf ca. 15 Tiere zurück und 1975 waren es nur noch 13 Vögel. Zu diesen Zahlen muß man allerdings anmerken, daß eine 100%ige Bestandserfassung nicht möglich war, da die Zählungen jeweils im Frühjahr, wenn die Vögel ihre angestammten Nistplätze aufsuchten, erfolgten. Jungtiere (die Geschlechtsreife dürfte erst im 5./6. Lebensjahr eintreten) konnten dabei nicht vollständig registriert werden.
Aufgrund des alarmierenden Rückgangs des Amazonenbestands wurde im „El Yungue National Forest Reserve" vom „US Fish- and Wildlife Fund" ein Programm zum Schutz und zur Überlebenschance der restlichen Puerto Rico-Amazonen in Angriff genommen. So werden im Luquillo Feldzentrum mehrere Amazonen zu Zuchtzwecken gehalten; allerdings sind dort die Weibchen in der Überzahl. Gleichzeitig werden vom Feldzentrum die freilebenden Brutpaare überwacht. Ein Mitarbeiter des Feldzentrums entnimmt die Eier aus den Nestern und

---

Abb. 16 *(oben links):* Die seltene Rotscheitel-Amazone (Amazona dufresniana rhodocorytha) wird kaum von Liebhabern gehalten (s. Seite 96). Abb. 17 *(oben rechts):* Der fehlende rote Kehlfleck bei der rechts sitzenden Blaukopf-Amazone (Amazona arausiaca) ist nicht unbedingt ein geschlechtliches Merkmal (s. Seite 100). Abb. 18 und 19 *(unten):* Beide Bilder zeigen die Gelbbauch-Amazone (Amazona xanthops). Der links abgebildete Vogel ist ein Jungtier. Die andere Amazone ist ausgefärbt, jedoch ist das durchgehende gelbe Bauchband, wie man es von einigen Exemplaren her kennt, nicht sichtbar (s. Seite 105).

legt den brütenden Amazonen gleichzeitig Gipseier unter. Die Eier werden dann in Brutmaschinen ausgebrütet und anschließend dem Brutpaar als Nestlinge wieder untergeschoben, damit nicht schon während der Bebrütung Verluste entstehen. Sehr bedauerlich ist der Umstand, daß die Jungvögel von den Maden der Singfliege befallen werden. Eine aus dem Nest genommene Jung-Amazone war mit hunderten dieser Maden befallen, konnte jedoch nach intensiver Behandlung gerettet werden. Untersuchungen zeigten auf, daß nahezu 20% aller Jungtiere von Maden befallen waren.
Weitere natürliche Feinde der Amazonen sind die Rotschwanz- *(Buteo jamaicensis)* und Breitflügelfalken *(Buteo platypterus)*, die sogar Altvögel schlagen. Rodriquez-Vital stellte 1956 fest, daß 4 von 6 Nestern durch Ratten *(Rattus rattus)* verwüstet wurden. Eine sehr große Existenzbedrohung geht von der Spottdrossel *(Margarops fuscatus)* aus, die sowohl als Höhlenbrüter den Papageien die Brutplätze streitig macht, als auch bereits von Amazonen besetzte Nester verwüstet und Eier frißt. Der Bestand der Spottdrosseln nimmt ständig zu. Da auch die Amazonen größere Bruthöhlen benötigen, wird das Nistplatzangebot geringer. Viele Baumaushöhlungen stehen wegen der ständigen Regenfälle oft unter Wasser und können daher nicht benutzt werden. Die Mitarbeiter des Feldzentrums haben vorhandene natürliche Höhlungen vergrößert und gleichzeitig an der Sohle angebohrt, so daß eindringendes Wasser sofort abfliessen kann.
Es ist nur zu hoffen, daß die eingeleiteten Maßnahmen den restlichen Amazonen eine wirkliche Überlebenschance geben. Ob aber der noch vorhandene Bestand von ca. 15 Tieren überlebensfähig ist, wird erst die Zukunft aufzeigen.
Das Freileben der Amazonen spielt sich in einem äußerst geregelten Tagesablauf ab. Die Brut- und Schlafbäume befinden sich im „La Mina"-Gebiet auf ca. 650 m Meereshöhe. Bei Tagesanbruch lärmen die Amazonen ein bis zwei Stunden und fliegen dann, immer auf der gleichen Route, um die höher gelegenen Berggipfel herum. Ein Überfliegen der höheren Gipfel konnte nicht beobachtet werden; offensichtlich werden die oberen Regionen wegen der meist tiefhängenden Wol-

---

Abb. 20 *(oben links)*: Die Bodini-Amazone (Amazona festiva bodini) ist die zweite Rasse der Blaubart-Amazone und äußerst selten in Liebhaberhand anzutreffen (s. Seite 103). Abb. 21 *(oben rechts)*: Die Gelbschulter-Amazone (Amazona barbadensis barbadensis) lebt in savannenartigen Küstengebieten Venezuelas (s. Seite 109). Abb. 22 und 23 *(unten)*: Die Blaustirn-Amazone (Amazona aestiva) zeigt in ihrer Färbung sehr unterschiedliche Gefiedervarianten, ebenso sind merkliche Größenunterschiede einzelner Exemplare gegeben (s. Seite 112).

kendecke gemieden. Die Futterbäume (u. a. *Dacryodes excelsa*), die meistens in Entfernung von 1 km zu den Schlafbäumen stehen, werden im allgemeinen so lange aufgesucht, bis sie abgeerntet sind. Die bevorzugte Nahrung sind die Palmfrüchte der „Sierrapalme" *(Euterpe globosa)*, die in der Zeit von November bis Juni Früchte trägt. Der Rückflug zu den Schlafbäumen erfolgt auf derselben Route wie beim Hinflug. Rodriquez-Vidal stellte fest, daß die Puerto Rico-Amazonen mehr als 50 verschiedene Früchte als Nahrung aufnehmen. Dr. C. Kepler weist darauf hin, daß möglicherweise irgendeine wichtige Nahrung nicht im Schutzgebiet vorhanden ist, und die Amazonen daher in den Sommermonaten gezwungen sind, das Schutzgebiet zu verlassen.

Die Brutzeit erstreckt sich nach Dr. C. Kepler von Februar bis Juni, während der Trockenzeit. Die Bruthöhlen befinden sich zischen 6–15 m über dem Boden. Im „Luquillo Forest Reserve" wurden alle Nester in den „Colorado"-Bäumen *(Cyrilla racemiflora)* vorgefunden. Dr. C. Kepler fand im Jahr 1970 ein Nest, das am 15. März zwei Eier und am 23. März drei Eier enthielt. Am 5. April war das erste Küken geschlüpft. Bereits am 27. Mai waren alle drei Jungtiere flügge und zwei Tage später sah er den Familienverband bereits 3 km vom Nest entfernt fliegen. Eine Überprüfung von 19 Amazonennestern in den Jahren 1953–1969 ergab, daß von 40 gelegten Eiern 18 flügge Jungvögel das Nest verlassen haben. In den 3 Brutzeiten der Jahre 1969–1971 war 4 von 5 Nestern kein Erfolg beschieden.

Haltung/Zucht: Anscheinend wurden um die Jahrhundertwende zwei Puerto-Rico-Amazonen im Londoner Zoologischen Garten gehalten. Möglicherweise waren diese Amazonen vor 1900, als noch größere Bestände im Heimatland angetroffen wurden, öfters im Handel, wurden aber nicht als Puerto Rico-Amazonen erkannt, da eine große Ähnlichkeit mit der kleineren Rotspiegel-Amazone *(Amazona agilis)* zu Verwechslungen führte. Das „Patuxent Research Center" in Maryland, USA, hält 3 Vögel für Zuchtversuche in Gefangenschaft.

Selbstverständlich sind die Puerto Rico-Amazonen im Anhang des Washingtoner Artenschutzübereinkommens aufgeführt.

Pracht-Amazone **VII D7 8.**

Amazona pretrei (Temminck) 1830
engl.: Red-spectacled Amazon; Prêtre's Amazon
2 Rassen

---

1. *Amazona pretrei pretrei* (Temminck)

Kennzeichen: Größe 32 cm; grün; Nacken-, Rücken-, Brust- und Bauchfedern dunkel gesäumt; Vorderkopf, Stirn, Zügel, Augenregion rot; vereinzelt rote Federn auf der Wange; Flügelbug, Flügelrand rot; Hand- und Armschwingen grün, zur Spitze hin blau; Schwanzfedern grün, zur Spitze hin gelbgrün, die drei äußeren Schwanzfedern an der Wurzel mit rotem Fleck auf der Innenfahne; Schenkel rot; Iris orange; nackter Augenring weiß; Schnabel gelblich; Füße gelblich braun. Jungtiere: nur wenige rote Federn an Vorderkopf, Stirn, Zügel und Augenregion; Flügelbug und Flügelrand grün.

Verbreitung: SO-Brasilien vom südl. Sao Paulo bis Rio Grande do Sul, NO-Argentinien in Misiones, äußerster Südosten von Paraguay und evtl. in N-Uruguay.

2. *Amazona pretrei tucumana* (Cabanis) 1885
Tucuman-Amazone, Adler Amazone
engl.: Tucuman Amazon

Kennzeichen: Größe ca. 31 cm; dunkler grün; Federn kräftiger gesäumt; nur Stirn und Vorderkopf rot; nur Flügelspiegel rot; Schwanzfedern ohne Rot; Schenkel gelb.
Jungtiere: Schenkel grün.

Verbreitung: SO-Bolivien und Chuquisaca, NW bis NO Argentinien in Jujuy, Salta und Tucuman bis Chaco und Misiones.

Anmerkung: C. J. Temminek zollte der großen Sorgfalt und Geschicklichkeit des am Museum d'Historic Naturelle, Paris, angestellten Natur-Malers Jean Gabriel Prêtre (1800–1840) größte Wertschätzung und benannte die Pracht-Amazone nach dessen Namen – *Psittacus pretrei*.
Die 2. Rasse der Art *Amazona pretrei* wird oft als selbstständige Art geführt.

Lebensweise: Beide Rassen der *Amazona pretrei* sind Vögel, die vor allem im subtropischen und gemäßigten Klima leben. Die Pracht-Amazone ist in den großen Araukarien-Wäldern *(Araucaria excelsa)*, die Tucuman-Amazone in den Erlen-

Wäldern *(Alnus jorullensis)*, beheimatet. Die in den letzten Jahrzehnten ausgedehnten Rodungen der Nadelholzwälder haben das Verbreitungsgebiet der Amazonen merklich eingeengt und führten dazu, daß *Amazona pretrei tucumana* in die Artenschutzliste des Washingtoner Artenschutzübereinkommens aufgenommen werden mußte.

Amazona pretrei

J. M. Forshaw berichtet, daß er 1971 in der Nähe von Vacaria, Rio Grande do Sul, Brasilien, Pracht-Amazonen beobachten konnte. Das Gebiet bestand aus wogendem, offenem Grasland, das durch Täler unterteilt wurde und fast überall mit dichtem Araukarien-Wald bewachsen war. Die Vögel lebten in diesen bewaldeten Tälern. Er sah tausende von Papageien, wie sie sich in den Baumgruppen rund um ein Moor versammelten, bevor sie zum Schlafen in eine nahegelegene Stelle in den Wald flogen. Die Anzahl der vorhandenen Vögel wurde auf 10000 bis 30000 geschätzt. Ein Farmer, auf dessen Grundstück sich der Sammelplatz der Papageien befand, erklärte, daß einige Papageien das ganze Jahr über hier lebten, aber die große Mehrheit käme im April, um die reifen Araukarien-Samen zu fressen, und würde im Juli wieder abfliegen.
J. M. Forshaw berichtet weiter, daß vom späten Nachmittag bis lange nach Sonnenuntergang immer wieder kleine Gruppen über das offene Grasland zum Sammelplatz hinflogen und manchesmal in den bewaldeten Tälern Halt machten.

Von einem Berg aus konnte man den Sammelplatz sowie die vorbeifliegenden Papageien gut beobachten. Der Unterschied zwischen Alt- und Jungtieren war deutlich zu erkennen. Es hatte den Anschein, als ob viele Gruppen Familienverbände waren. In den Bäumen herrschte ein reges Treiben und es war schwierig, sich den Papageien zu nähern. Oft flogen tausende von Vögeln auf und kreisten über den Baumkronen, wobei sie einen unbeschreiblichen Lärm machten. Forshaw schildert den Vorgang als äußerst beeindruckenden Anblick. Nach Einbruch der Dunkelheit flogen die Amazonen auf Schlafbäume. Sehr interessant scheint der kräftige, schwungvolle Flug zu sein, der durch flache, schnelle Flügelschläge sowie durch sprunghafte Drehungen und Überschläge gekennzeichnet ist.
Die Tucuman-Amazonen bewohnen hauptsächlich die Osthänge der Anden bis in 2000 m Höhe. In die nordöstlichen argentinischen Provinzen Chaco und Misiones kommen die Amazonen nur außerhalb der Brutzeiten. Beide Rassen scheinen ein sehr nomadenhaftes Leben zu führen. Dieser Umstand ist auf die klimatischen Verhältnisse zurückzuführen, die im Verbreitungsgebiet der Amazonen vorherrschen. Es gibt die vier Jahreszeiten mit Frühjahr, Sommer, Herbst und Winter, die klima- und vegetationsmäßig den mitteleuropäischen Verhältnissen nahekommen. Die Brutzeit der Amazonen beginnt im Frühjahr, den Monaten Oktober und November und zieht sich bis in die Monate Januar und Februar, nach Beendigung der Nestlingszeit, hinein. Den reifenden Samenständen, speziell der Erlen- und Araukarien, aber auch den anderen Fruchtständen, folgend, ziehen die Amazonen nach dem Selbstständigwerden der Jungen durch die recht dünn besiedelten Regionen.
Über die Brutgewohnheiten liegen nur ganz spärliche Angaben vor. 1943 wird berichtet, daß ein bei Padilla, Chuquisaca, Bolivien, gefangener Vogel (0,1 Tucuman-Amazone) 4 Eier, ca. 34,5 × 26,7 mm groß, ausbrütete.
Sollten die Waldrodungen im Lebensraum der Pracht- und Tucuman-Amazonen zukünftig im großen Umfang weitergeführt werden, muß man damit rechnen, daß die bedrohten Vögel ihren seit Jahrhunderten intakten Lebensraum innerhalb weniger Jahre vollständig verlieren.

Haltung/Zucht: Über das Verhalten beider Rassen in Gefangenschaft konnte der Verfasser keine Informationen erhalten. 1979 und 1980 wurde in Fachzeitschriften einige Tucuman-Amazonen angeboten; somit dürften wenige Einzelexemplare sich in Liebhaberhand befinden. Pracht-Amazonen werden wohl in deutschen Papageienbeständen nicht vertreten sein.

Grünwangen-Amazone **VII D7 9.**

Amazona viridigenalis (Cassin) 1853
engl.: Green-cheeked Amazon, Red-crowned Amazon
1 Rasse

Kennzeichen: Größe ca. 33 cm; grün, dunkel gesäumt; Brust und Bauch heller grün; Stirn, Zügel, Oberkopf leuchtend rot; Hinterkopf bis Nacken grünblau; blaues Band über dem Auge beginnend zu den Halsseiten hin verlaufend – Wangen und Ohrgegend begrenzend – blau; Wangen grün, nicht gesäumt; Flügelspiegel rot; Außenfahne der Handschwingen blau, zur Wurzel hin grün; Armschwingen grün, zur Wurzel hin blau; Schwanz grün, zur Spitze hin gelbgrün; Iris orange; nackter Augenring grau; Schnabel gelblich; Füße gräulich.
0.1: Rot auf Oberkopf weniger ausgedehnt. (Bild Seite 53)
Jungtiere: nur Stirn und Zügel rot.

Verbreitung: NO-Mexiko im östl. Nuevo Leon, Tamaulipas, östliches San Luis Potosi, östliches Hidalgo und nördliches Veracruz.

Amazona viridigenalis

Lebensweise: Das Heimatgebiet der Grünwangen-Amazonen, im Nordosten Mexikos, an der Ostseite der Madre Oriental hin zum Golf von Mexiko, ist relativ klein, besteht aber aus sehr unterschiedlichen Biotopen. Die Gebirgsregionen werden am Golf von Mexiko von schmalen Küstenebenen gesäumt. Im Norden begrenzt der Rio Bravo das Vorkommen. Obwohl die Landschaftsformen an der

Grenze zur USA übergangslos sich in den Vereinigten Staaten fortsetzen, kommen dort keine Papageienarten vor, mit Ausnahme des Arasittich *(Rhynchopsitta pachyrhyncha pachyrhyncha)* der bis in die Berge des südlichen Arizonas wandert. Die Grünwangen-Amazone besiedelt sehr unterschiedliche Landschaftsformen. In Veracruz halten sich die Vögel gern in den niederen tropischen Regenwäldern auf. Im südlichen Tamaulipas bevorzugen die Tiere die in den Flußtälern der subtropischen und gemäßigten Zonen vorkommenden kleinen Bergwälder, die hauptsächlich mit Eichen- *(Quercus)* und Kiefernarten *(Pinus)* bewachsen sind. Die Samen dieser Bäume werden sehr gerne verzehrt. Sehr oft fallen die Grünwangen-Amazonen in die Maisanbaugebiete ein. Mais ist das wichtigste Grundnahrungsmittel Mexikos. Amazonen und andere Papageienvögel, die in Maisfelder einfallen, werden daher rücksichtslos geschossen und verjagt.
Die Brutzeit beginnt Anfang April. Wie alle Amazonen benützen auch die Grünwangen-Amazonen Baumaushöhlungen oder ehemalige Spechthöhlen als Brutplätze. In der Regel werden 3–5 Eier, Größe ca. 35,7 × 27,5 mm, gelegt und bebrütet. Über die Dauer der Brut- und Nestlingszeit liegen keine Angaben vor. Nach der Aufzucht und dem Selbständigwerden der Jungvögel schließen sich die Familienverbände wieder zu kleinen Gruppen auch mit den Gelbwangen-Amazonen *(Amazona autumnalis autumnalis)* und Gelbkopf-Amazonen *(Amazona ochrocephala oratrix)* zusammen, um dann gemeinsam auf Nahrungssuche zu gehen. G. H. Lowery jr. und W. W. Dalquest (1951) führen in „Birds from the state of Veracruz, Mexiko“ an, daß die Grünwangen-Amazonen an den Hängen des Mexikanischen Plateaus so gut wie gar nicht vorkommen und in der Küstenebene des zentralen Veracruz nur einige Male gesichtet werden konnten. Im Norden von Veracruz sowie in den anderen nördl. gelegenen Provinzen sind sie häufiger. Der Prachthauben-Adler *(Spizaetus ornatus)* hat sich in einem Teil seines Vorkommensgebietes auf die Jagd von Papageien spezialisiert und findet auch unter den Grünwangen-Amazonen seine Beuteopfer.

Haltung/Zucht: In den USA sieht man die Grünwangen-Amazonen öfters in den Volieren von Liebhabern. Ebenso gerne werden sie als Käfigvögel einzeln gehalten. 1878 gelangten nachweislich die ersten Grünwangen-Amazonen nach Deutschland und werden seit diesem Zeitpunkt sporadisch eingeführt. Meistens werden Jungvögel, erkennbar an der geringen roten Ausdehnung auf Stirn und Vorderkopf, in den Handel gebracht.
Der Verfasser konnte 1978 und 1979 6 Stück dieser Art pflegen und dabei feststellen, daß die Grünwangen-Amazonen sehr lebhaft sind und besonders in den Morgen- und Abendstunden sehr kräftig ihre schrille Stimme erheben. Alle sechs Vögel waren ca. 18 bis 24 Monate alt und färbten nach dem 2. Lebensjahr voll-

ständig aus. Mit besonderer Vorliebe fraßen sie Bucheckern, Eicheln und die Samen aus Kiefern- und Tannenzapfen. Beim Spielen mit Artgenossen, aber auch in Erregung, stellten die Vögel die Nackenfedern fächerartig auf. Sehr extrem ist bei der Grünwangen-Amazone die Verengung der Pupille bis auf Stecknadelkopfgröße, wobei die orangefarbene Iris leuchtend hervortritt. Das „Spiel mit den Augen“ wurde durch das Spreizen der Schwanzfedern und Ausstellung der Flügelfedern sowie durch das schrille Geschrei zu einem wahren Schauspiel. Andere Amazonenarten hat die „Sechsergemeinschaft“ nicht geduldet. Die in der Nachbarvoliere untergebrachten Schwarzohr-Papageien *(Pionus menstruus menstruus)* wurden, sobald diese am Trenngitter hingen, sofort angegriffen und in die Füße gebissen.
Vermutlich gelang 1980 die erste Gefangenschaftszucht. J. Mattmann, ein Schweizer Vogelliebhaber, hielt seit über 5 Jahren zwei Grünwangen-Amazonen. Bei der Anschaffung der Vögel konnte noch nicht festgestellt werden, ob es sich evtl. um ein Paar handelt. Zwei Jahre später wurde bemerkt, daß bei einem der Vögel sich die Kopfpartie stärker ausgebildet hatte, so daß er vermutete, daß es sich um ein Paar handelte. 1979 kam es im Juli zur ersten Eiablage, jedoch zeigte sich bald, daß die Eier unbefruchtet waren. Ein Jahr später, die Tiere wurden in einer 3,5 × 2,0 × 2,0 m großen Freivoliere mit ca. 1 cbm großen Innenvoliere gehalten, zeigte sich zwischen den beiden Tieren bald ein gegenseitiges Interesse. Kurz darauf konnten die ersten Tretakte beobachtet werden. Gegenüber ihrem Pfleger wurden die beiden Vögel zunehmend aggressiver und reagierten auch sonst sehr nervös auf Störungen. Am 14. Juli wurde das erste Ei festgestellt, ein zweites Ei wurde drei Tage später entdeckt. Ab diesem Zeitpunkt brütete das Weibchen fest. Das Männchen hielt während der ganzen Zeit Wache und zeigte sich sehr angriffslustig. Am 12. August wurde das erste Piepsen eines Jungen vernommen. Die Brutzeit betrug demnach 26 Tage. Ab diesem Zeitpunkt wurde zusätzlich zu dem sehr reichhaltigen Futterangebot Baby-Früchtemüsli mit Aufzuchtfutter gemischt, gereicht. Beide Elternteile fütterten die Jungen gleichermaßen gut und waren fürsorgliche Eltern. In den ersten sechs Lebenswochen verhielten sich die kleinen Amazonen äußerst ruhig. Am 20. Oktober konnten die Jungen zum ersten Mal außerhalb des Nistkastens beobachtet werden, außerdem machten sie sich sofort am Futternapf zu schaffen. Die Nestlingszeit dauerte somit vom 12. August bis 20. Oktober, ein Zeitraum von 69 Tagen. Bereits mit einem Alter von vier Monaten sahen die Jungen fast wie die alten Tiere aus, nur die geringere Schnabelgröße und die kleinere rote Ausdehnung auf der Kopfpartie ließ sie noch als Jungvögel erkennen.
1934 gelang in England eine Mischlingszucht mit der viel kleineren Weißstirn-Amazone *(Amazona albifrons)*.

Blaukappen-Amazone **VII D7 10.**
Amazona finschi (Sclater) 1864
engl.: Lilac-crowned Amazon, Finsch Amazon
2 Rassen

---

1. *Amazona finschi finschi* (Sclater)

Kennzeichen: Größe ca. 32 cm; grün, Unterseite heller, Federn gesäumt; Zügel und Stirn dunkelrot; Oberkopf und Nackenseiten grünlich-blau; Wangen zur Ohrgegend hin von gelbgrün in blau übergehend; hinter dem Auge schmaler, dunkelblauer Strich; Handschwingen grün, zur Spitze hin violettblau; auf den 5 äußeren Schwingen roter Fleck auf der Außenfahne, Flügelspiegel bildend; Armschwingen grün, zur Spitze hin blau; Flügelunterseite grün; Schwanzfedern grün, zur Spitze hin mehr gelbgrün; Iris orange; nackter Augenring grau; Schnabel gelblich; Füße gräulich. (Bild Seite 53)
Jungtiere: Farben matter, Iris braun.

Verbreitung: W-Mexiko von Durango und Sinaloa südwärts bis Oaxaca.

2. *Amazona finschi woodi* Moore

Kennzeichen: wie Nominatform, aber grün etwas dunkler; rotes Stirnband etwas schmaler; Größe ca. 33 cm.

Verbreitung: NW-Mexiko vom mittleren Durango und mittleren Sinaloa nordwärts bis SO-Sonora und SW-Chihuahua.

Anmerkung: Dr. P. L. Sclater stellte 1864, nachdem das „British Museum“ ein schönes, von Dr. Otto Finsch gefertigtes Präparat der Blaukappen-Amazone erhielt, den Antrag, diese Amazone nach Dr. Otto Finsch zu benennen: *Chrysotis finschi.* Prof. Dr. Friedrich Hermann Otto Finsch, (8. 10. 1839–31. 1. 1917) war ein großer Völkerkundler, sowie angesehener Ornithologe und Verfasser einschlägiger Bücher. Besonders beachtenswert ist sein Buch „Die Papageien“ (1867–68).
Der lateinische Name wird oft mit ii am Ende geschrieben, z.B. *Micropsitta finschii finschii* (Finschs Spechtpapagei).
Die zweite Rasse der Blaukappen-Amazone, die *Amazona finschi woodi,* wurde 1937 von Robert T. Moore nach Dr. Casey A. Wood, in Anerkennung an dessen ornithologische Arbeit benannt.

Lebensweise: Mexiko, mit seinen unterschiedlichen Landschafts- und Vegetationszonen, bietet den beiden Rassen der Blaukappen-Amazone noch recht unberührte Lebensräume.

Amazona finschi

Eine große Mexikoreise führte 1976 den Verfasser u. a. in den Verbreitungsraum der Blaukappen-Amazonen. Der Zeitpunkt der Reise fiel in die Monate April bis Juni, war also für eingehende Papageienbeobachtungen recht ungünstig gewählt, da die Brutsaison der Blaukappen-Amazonen in diesen Zeitraum fällt, und die Tiere dann keine Schwärme bilden und dadurch nicht so auffällig sind. Bei der ersten Rasse beginnt die Brutzeit im Februar/März. Die zweite, weiter nördlich vorkommende Rasse, fängt erst ca. Mai mit dem Brutgeschäft an. In der Gegend zwischen Taxco und Chilpancingo in der Provinz Guerrero, konnten mehrmals in den späten Nachmittagsstunden kleine Flüge zwischen 2 bis 6 Blaukappen-Amazonen in unzugänglicher Gegend mit dem Fernglas beobachtet werden. Der Landstrich, in dem sich die Vögel aufhielten, lag ca. 1000 m über dem Meeresspiegel und war mit kleinen Baumgruppen sowie Kakteen durchsetzt. Eine Annäherung ließen die Vögel bis 100 m Abstand zu, danach flogen sie unter großem Geschrei davon. Ca. 40 km nordwestlich von Guadalajara, in der Provinz Jalisco, einer Gegend die in Art und Vegetation an mitteleuropäische Laubwälder erinnert, konnten immer wieder Paare von Blaukappen-Amazonen während des Fluges beobachtet werden. In den großen Baumwipfeln der Eichen, die sie gerne aufsuchten, waren sie nicht zu erkennen. Die Blaukappen-Amazonen waren in dieser Region recht stark vertreten; gleichzeitig konnten einige wenige Weißstirn-Amazonen *(Amazona albifrons saltuensis)*, die ebenfalls nur paarweise flogen, beobachtet werden.

Am Stadtrand von Guadalajara traf der Verfasser einen Vogelhändler, der sich auf dem Wege zur Stadt befand. In den mitgeführten drei Kisten befanden sich in einer Singvögel, in den beiden anderen Amazonen. Eine Kiste in der Größe von ca. 80 × 60 cm Grundfläche und einer Höhe von ca. 20 cm war mit etwa 50 (!) Amazonen besetzt. Ein paar wenige Vögel hatten ein kräftig leuchtendgelbes Kopfgefieder und einen extrem orangeroten Flügelbug, die restliche Färbung glich der der Blaukappen-Amazone. Eine Artbestimmung konnte nicht erfolgen, zwar bestand eine gewisse Ähnlichkeit zur Gelbkopf-Amazone *(Amazona ochrocephala oratrix)*, aber die einzelnen Gefiederpartien ließen doch erhebliche Zweifel aufkommen. Wegen sprachlicher Schwierigkeiten konnte der Händler nicht befragt werden. Das einzige, was in Erfahrung gebracht werden konnte, war, daß die Vögel ca. 100 km nördlich von Guadalajara gefangen oder aus den Nestern genommen wurden. Kurzerhand wurden dem Händler zwei Tiere, eine Blaukappen-Amazone sowie eine undefinierbare Amazone abgekauft. Zwei Käfige und Futter konnten rasch besorgt und die Vögel in dem „Motorhome" gut untergebracht werden. Die ganze Mexikoreise über 10000 km sowie den Flug nach Deutschland haben die beiden Vögel bestens überstanden. Eine Arten- oder Rassenbestimmung der eigenartig gefärbten Amazone konnte auch in Deutschland nicht erfolgen. Es wurde vermutet, daß es sich bei dem Tier evtl. um eine Kreuzung zwischen Blaukappen- und Gelbkopf-Amazone handeln könnte. Endgültige Klarheit erhielt man im Jahre darauf, nachdem die Amazone durchgemausert hatte: sie hatte sich zu einer wunderschönen Blaukappen-Amazone „entwickelt". Anscheinend wurde der Vogel in seinem Heimatland mit irgendwelchen Stoffen, die die Gelbfärbung des Gefieders auslöste, gefüttert.

Die Blaukappen-Amazonen sind entlang ihres Verbreitungsgebietes, der Pazifikküste, ein relativ häufig vorkommender Papagei. In den tropischen Küstenzonen scheinen sich die Tiere nur in den Wintermonaten aufzuhalten, ansonsten besiedeln sie die bewaldeten Hänge der Sierra Madre Occidental bis in Höhen von 2200 m. J. M. Forshaw (1965) berichtet über ein kleineres Vorkommen dieser

Papageienart landeinwärts von San Blas, Nayarit, W. J. Schaldach jr. (1963) sah die Vögel häufig in Colima, wo sie sowohl in Meereshöhe bis zu den mit Eichen bewachsenen gemäßigten Zonen angetroffen werden. In Colima konnte Schaldach im Februar beobachten, wie sich ein Paar Blaukappen-Amazonen für eine ehemalige Spechthöhle in einem abgestorbenen Gummibaum, der im hohen tropischen Laubwald stand, interessierte. L. C. Binford (1968) führt an, daß in der Pazifikregion in Oaxaca die Vögel seltene Bewohner der feuchten und halbtrokkenen Wälder sind und bis in Höhen von 1500 m angetroffen werden. Im Herbst ziehen die Vögel bis zum Isthmus von Tehuantepec.
Die gemeinsame, außerhalb der Brutzeit stattfindende Nahrungssuche erfolgt in kleinen Gruppen. Sehr gerne fallen die Amazonen in Maisfelder ein und hinterlassen dabei erhebliche Ernteschäden. Am späten Nachmittag versammeln sich die Vögel dann wieder in ihren Schlafbäumen. Oft sieht man in solchen Baumgruppen 200–300 Amazonen, die bis in die späten Abendstunden lärmen.

Haltung/Zucht: Blaukappen-Amazonen, meistens die Nominatform, werden in letzter Zeit häufiger vom Tierhandel angeboten. Die farblich ansprechenden Vögel sind recht lebhaft und fliegen auch sehr gerne, was man von vielen ihrer Artverwandten nicht sagen kann. Bei Einrichtung einer Voliere für diese Papageienart, sollte man unbedingt darauf achten, daß den Tieren ausreichende Flugmöglichkeiten eingeräumt werden. Der Verfasser hält seit mehreren Jahren Blaukappen-Amazonen und konnte dabei recht unterschiedliche Eigenschaften und Verhaltensweisen bei den Tieren feststellen. Einmal entflog ein handzahmer Vogel im November. Erst zehn Tage später konnte die Amazone, ca. 2 km vom Wohnhaus entfernt ausfindig gemacht werden. Ein Landwirt konnte sie in dieser Zeit beobachten und teilte mit, daß die Blaukappen-Amazone sich in einer hohen Pappel, direkt neben einer vierspurigen Autostraße niedergelassen hatte. Von diesem Baum aus wurde täglich zweimal, morgens von ca. 8 bis 10 Uhr und am Nachmittag von 15 bis 17 Uhr ein zweihundert Meter entfernt liegendes, nicht abgeerntetes Maisfeld zur Nahrungssuche aufgesucht. Zuerst flog der Vogel einen neben dem Feld stehenden Apfelbaum an und flog dann, nachdem er sich überzeugt hatte, daß keine Gefahr bestand, ins Maisfeld ein. Durch das kurze Freileben war die Amazone schon wieder „verwildert" und ließ den Verfasser nur bis auf 3 m Entfernung an sich heran, um anschließend in die hohe Pappel zurückzufliegen. Nachdem es zwei Tage lang nicht gelang, die Blaukappen-Amazone einzufangen, wurde ein handelsüblicher Papageienkäfig, dem das Bodenteil entfernt und dafür eine große Gittertür eingepaßt wurde, im Apfelbaum angebracht. An der großen Gittertür wurde eine ca. 30 m lange Schnur befestigt. Im Käfig angebrachte Lekkerbissen sollten der Amazone den Anreiz bieten, in den Käfig zu gehen. Am

nächsten Morgen, die Temperatur betrug ca. 2°C, saß die Amazone im Käfig, so daß nur an der Schnur gezogen werden mußte, damit die Klappe zusprang. Zu Hause kam die Amazone sofort wieder auf die Hand geflogen und war auch sonst nicht ängstlich. Den 12 Tage dauernden Freiaufenthalt hat der Vogel trotz niedriger Nachttemperaturen bestens überstanden.
Eine andere männliche Blaukappen-Amazone in der Anlage des Verfassers hat eine große Freundschaft zu einer weiblichen Gelbkopf-Amazone *(Amazona ochrocephala oratrix)*, die jährlich zweimal als Feriengast in die Voliere eingesetzt wird, geschlossen. Unter großem Geschrei findet die Begrüßung statt, dabei wird die Pupille stark verengt, so daß die orangefarbene Iris leuchtend hervortritt, die Flügel werden ausgestellt und die Nackenfedern werden gesträubt. Fast eine volle Stunde dauert das Begrüßungszeremoniell an. Die Zeit danach balgen, streiten und spielen sie miteinander. Andere Gelbkopf-Amazonen werden von dieser Blaukappen-Amazone nicht beachtet.
Im Zoo von San Diego, Kalifornien, USA, gelang 1951 die Aufzucht. Nach einer Brutdauer von 28 (?) Tagen schlüpfte ein Junges, das ab dem fünften Tage mit Handfütterung großgezogen wurde. Im Alter von 3 Monaten fraß der Vogel das erste Mal selbst; vier Wochen später war er vollkommen selbständig.
Die erste erfolgreiche europäische Nachzucht mit der Blaukappen-Amazone gelang 1978 in England (Mann, 1978). 1974 konnten zwei Blaukappen-Amazonen erworben werden. Beide Vögel kamen in eine Innenvoliere mit einem Freiflugabteil. Bei näherem Vergleichen der Tiere konnte man bemerken, daß ein Exemplar einen etwas größeren Körperbau besaß und eine ausgeprägtere Kopfpartie hatte. Beide Vögel verstanden sich sehr gut und man glaubte im Besitz eines Paares zu sein. Zuerst hatte man größte Bedenken, die Tiere in der Freivoliere unterzubringen, weil durch das Geschrei der Amazonen eine Lärmbelästigung zu erwarten war. Diese Bedenken zerstreuten sich jedoch bald, da sich beide Vögel sehr ruhig verhielten und bereits nach kürzester Zeit die Freundschaft der Nachbarsleute erlangen konnten, die am regen Treiben der Tiere ihren Spaß hatten. Für einen in der Voliere aufgestellten Baumstamm interessierten sich die Amazonen nur solange bis er abgenagt war. Später wurde ein kleinerer Nistkasten angebracht.
Im Mai 1978 konnte das erste Balzspiel beobachtet werden. Die Henne schrie und lockte dadurch den Hahn, worauf dieser, animiert durch das Verhalten des Weibchens, sich in Positur warf und mit hängenden Flügeln balzte. Anschließend wurde die Henne stets vom Hahn gefüttert. Bald fanden die ersten Paarungen statt, wobei immer mit der rechten Körperseite des Hahnes und der linken Seite der Henne dieser Akt vollzogen wurde. Jeweils gegen Ende breitete der Hahn seine Flügel vollständig aus. Während der Paarung gaben beide Vögel leise Brummlaute von sich. Nach Beendigung der Paarung verschwanden die Tiere für

längere Zeit im Nistkasten. Bei der am 2. Juni erfolgten Nistkastenkontrolle wurde ein Ei auf der mit Holzspänen ausgepolsterten Nistkastenmulde entdeckt. Ein zweites Ei muß wenige Tage später gelegt worden sein. Das Weibchen brütete sehr fest und kam nur am frühen Abend für einige Minuten aus dem Nistkasten. Eine am 28. Juni durchgeführte Inspektion ließ ein befruchtetes Ei erkennen. Am 3. Juli kam die Henne bereits morgens aus dem Brutblock. Bei der darauf rasch ausgeführten Kontrolle wurde ein leicht beflaumtes Küken im Alter von ca. zwei Tagen entdeckt (das zweite Ei war unbefruchtet). Das Jungtier wurde sehr gut von den Alten versorgt, so daß es rasch wuchs. Am 15. Lebenstag öffnete es die Augen. Bereits am 12. August war das Junge zu ca. 90% befiedert, wobei die rote Stirn und die lilafarbene Kopfplatte bereits gut zu erkennen waren. Zu diesem Zeitpunkt war das Junge sehr unternehmungslustig und zeigte sich öfters am Einschlupfloch des Nistkastens. Sobald es sich beobachtet fühlte, zischte es leise. Wenn man das Kleine in die Hand nahm, war es äußerst zahm. Am 29. August, mit einem Alter von ca. 60 Tagen, hat das Jungtier den Nistkasten verlassen. In der Statur war es etwas schmächtiger als die Altvögel. Die roten Federn auf der Stirn waren ausgedehnter, dagegen war die Lilafärbung der Kopfplatte von geringerer Ausbreitung im Vergleich zu den Alten. Die Iris war dunkelbraun. Beim Fliegen hatte das Junge anfänglich Schwierigkeiten und stürzte öfters ab. Jeweils abends wurde es eingefangen und in den Nistkasten gesetzt. Am 16. September, nachdem es vollständig selbständig war, wurde es ins Wohnhaus genommen.

Während der Aufzucht wurden folgende Futtersorten gereicht: Erdnüsse, Sonnenblumenkerne, Hanf, Nüsse, Äpfel, Orangen und in Nektarmilch eingeweichtes Brot.

Nach Angabe von Schönwetter (1964) beträgt die Größe der Eier 37,0 × 29,2 mm.

Gelbwangen-Amazone **VII D7 11.**
Amazona autumnalis (Linnaeus) 1758
engl.: Red-lored Amazon
4 Rassen

---

1. *Amazona autumnalis autumnalis* (Linnaeus)
Gelbwangen-Amazone
engl.: Red-lored Amazon, Scarlet-lored Amazon, Yellow-cheeked Amazon

Kennzeichen: Größe 34 cm; grün; Stirn und Zügel rot; Oberkopf, Hinterkopf, Nacken grün in lilablau übergehend, schwarz gesäumt; unter dem Auge und vordere Wangengegend gelb, Federn an der Wurzel teilweise rot; Flügelrand gelbgrün; auf fünf Federn der Armschwingen roter Fleck – Flügelspiegel; Armschwingen grün, zur Spitze hin dunkelblau; Handschwingen grün, an der Spitze blau; Flügelunterseite hellgrün; Schwanzfedern grün, zur Spitze hin gelbgrün; Iris orange; nackter Augenring weiß; Oberschnabel hornfarben, an der Spitze gräulich; Unterschnabel hornfarben gräulich; Füße gräulich. (Bild Seite 54)
Jungtiere: Stirn und Zügel weniger rot; gelbe Wangengegend mit grünen Federn durchsetzt; Iris dunkelbraun.

Verbreitung: Entlang der karibischen Küste von Tamaulipas in NO-Mexiko südwärts bis NO-Nicaragua sowie auf den Inseln Roatán und Barbareta (Islas de la Bahia) vor der Ostküste von Honduras.

2. *Amazona autumnalis salvini* (Salvadori)
Salvins-Amazone
engl.: Salvin's Amazon

Kennzeichen: Wie 1. Rasse, aber grüne Wangen, ohne Gelb; äußere Schwanzfedern an der Wurzel der Innenfahne rot, auf der Außenfahne blau.
Jungtiere: Stirn und Zügel weniger rot; Iris dunkelbraun.

Verbreitung: Von SO-Nicaragua über östliches und südwestliches Costa-Rica, Panama bis äußerst NW-Venezuela (entlang der karibischen Küste) und südlich bis SW-Kolumbien (entlang der Pazifikküste).

Anmerkung: Die zweite Rasse der Gelbwangen-Amazone, die Salvin's-Amazone, wurde von dem bekannten italienischen Ornithologen Conte Adelardo Tommasco Salvadori Paleotti (1835–1923) zu Ehren des englischen Ornithologen Osbert Salvin (1835–1881) benannt: *Chrysotis salvini* (1891).

3. *Amazona autumnalis lilacina* Lesson
Ecuador-Amazone
engl.: Lesson's Amazon; Lilacine Amazon

Kennzeichen: Wie 2. Rasse, aber rote Federn an Stirn und Zügel nicht klar abgegrenzt; schmaler roter Streifen über dem Auge; Oberkopf bläulich lila schimmernd; vordere Wangen gelbgrün, zur Ohrgegend in hellgrün übergehend; Schnabel schwarz. (Bild Seite 54)

Verbreitung: Entlang der pazifischen Küste in W-Ecuador, südlich bis zum Golf von Guayaquil und nördlich bis zur kolumbianischen Grenze.

4. *Amazona autumnalis diadema* (Spix)
Diadem-Amazone
engl.: Diademed Amazon

Kennzeichen: Wie 2. Rasse, aber ca. 36 cm groß; Oberkopf lilablau zum Hinterkopf hin in Blau übergehend; Nackenfedern grün, lilablau gesäumt; auf der Wachshaut rötliche Federhaare; Kinn hellgrün, lila bläulich schimmernd.

Verbreitung: Im Nordwesten der brasilianischen Provinz Amazonas.

Lebensweise: Die vier Rassen der Gelbwangen-Amazonen sind in den tropischen Zonen ihres Verbreitungsgebietes anzutreffen. In der Regel bewohnen sie die Tiefebenen bis 350 m Höhe. In Veracruz, Mexiko, kommen die Gelbwangen-Amazonen in Höhen bis ca. 625 m vor. In Honduras besiedeln diese Vögel Lebensräume bis zu einer Höhe von 1100 m. Außerhalb der Brutzeit versammeln sich bis zu tausend Amazonen auf ihren angestammten Schlafbäumen, um am nächsten Morgen paarweise oder in kleinen Gruppen zur Nahrungssuche abzufliegen. Sehr gerne halten sich die Vögel an den Randzonen der Regenwälder auf, um von hier aus in Obstplantagen und Maisfelder einzufallen. Im nordöstlichen Mexiko, in Tamaulipas, in den feuchten Flachlandzonen, trifft man die Amazonen relativ häufig an.

Abb. 24: Diese Blaustirn-Amazone stammt aus NO-Argentinien und ist der Rasse Amazona aestiva xanthopteryx zuzuordnen. Der abgebildete Vogel ist noch sehr jung, der glatte Schnabel und die dunkelbraune Augeniris lassen dies gut erkennen, die ungeschuppten Zehen weisen ebenfalls auf den Jungvogel hin (s. Seite 113).

In Veracruz, Mexiko, sind die Vögel in der ganzen Provinz sehr zahlreich vertreten. Loetscher sagt, daß die Amazonen im südlichen Veracruz neben dem Aztekensittich *(Aratinga astec astec)* die am häufigsten verbreitete Papageienart ist. In den mexikanischen Provinzen O-San Luis Potosi, O-Puebla, O-Oaxaca, Tabasco, N-Chiapas, S-Campeche, leben die Vögel entlang der Flußläufe, sind aber in diesem Verbreitungsraum nicht so zahlreich vertreten. In Quintana Roo (Yucatan-Halbinsel) halten sich die Amazonen anscheinend nur außerhalb der Brutzeit auf. In Yucatan konnte ein Vorkommen noch nicht festgestellt werden. In großer Anzahl werden die Gelbwangen-Amazonen in Belize, in NO- und O-Guatemala, N- und O-Honduras sowie NO-Nicaragua angetroffen. Auf Utila konnten (Monroe) 1963 die Amazonen, obwohl sie dort 1937 noch in großer Stückzahl vertreten waren, nicht mehr gesehen werden (Bond). Dagegen sind sie auf den Inseln Roatán und Barbareta, die ebenfalls zu den Islas de la Bahia gehören, in den Wäldern zahlreich vertreten.
Die Salvin's-Amazone, die zweite Rasse der Gelbwangen-Amazone besiedelt dieselben Landschaftsformen wie die Nominatform und tritt gebietsweise ebenso häufig auf. In den Tiefebenen von Panama, in den tropischen Wäldern und Waldrandzonen, sowie auf den Inseln Coiba, Escudo de Veraguas und der Inselgruppe Archipiélago de las Perlas sind ständig kleine Gruppen dieser Vögel im Fluge zu sehen. Während der Nahrungsaufnahme und der mittäglichen Ruhezeit kann man die Tiere kaum ausmachen, da sie sich äußerst ruhig verhalten. Stört man die Amazonen auf, so fliegen sie unter größtem Geschrei davon. Der Verfasser konnte mehrmals in Panama die Salvin's-Amazonen aufstöbern und war jedes Mal über das unglaubliche Geschrei, was die Vögel im Fluge von sich gaben, erstaunt. Über einen längeren Zeitraum konnte der Verfasser eine Salvin's-Amazonen-Familie, die beiden Alttiere mit drei Jungen, in der Nähe von La Chorrera, etwas außerhalb der Panama-Kanal-Zone, beobachten. Die Tiere saßen im Wip-

---

Abb. 25 *(oben):* Diese Gelbscheitel-Amazone zeigte in ihrem Jugendgefieder nur einen kleinen gelben Stirnfleck und wurde als Panama-Amazone eingestuft. Im Laufe der Jahre bildete sich aber das gelbe Nackenband, außerdem verdunkelte sich die Färbung des Schnabels und der Zehen. Der Vogel ist als Rasse Amazona ochrocephala parvipes (eventuell Unterrasse) einzuordnen (s. Seite 117). Abb. 26 *(unten):* Kopf der Panama-Amazone (Amazona ochrocephala panamensis) (s. Seite 117).

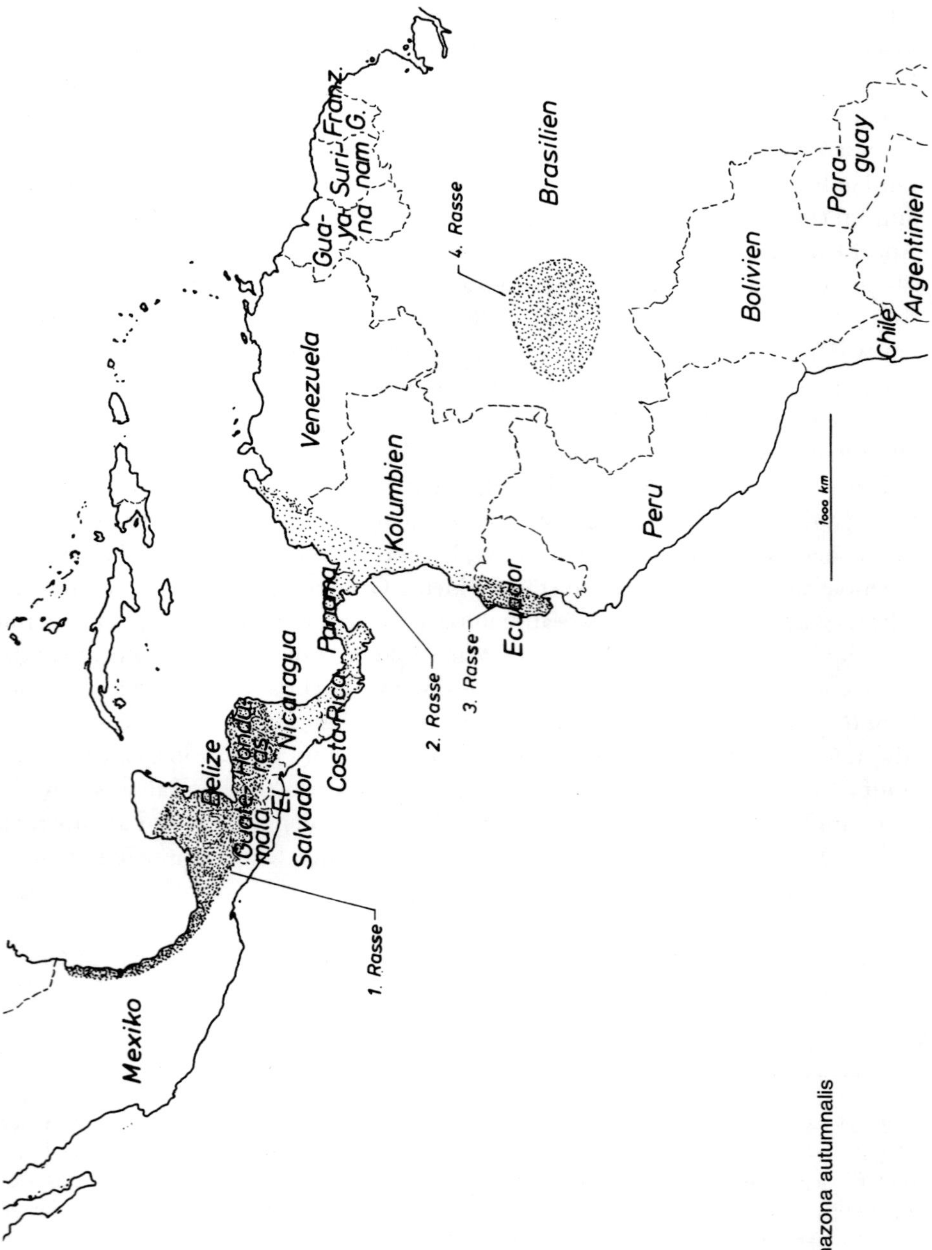

Amazona autumnalis

fel einer ca. 20 m hohen Palme und taten sich an den nußgroßen Palmfrüchten gütlich. Die Jungvögel waren durch ihr ungeschicktes Verhalten sehr gut vom Elternpaar zu unterscheiden. Als plötzlich ein Raubvogel in ca. 500 m Entfernung seine Kreise zog, flogen die fünf Amazonen panikartig, unter größtem Geschrei, davon. Der langsame Flügelschlag während des Fluges geht nicht über Rumpfhöhe hinaus. Durch diese Flugart sind Amazonen sofort recht gut zu erkennen. In Nordost- und Nordwest-Kolumbien sind die Gelbwangen-Amazonen selten und, ebenso wie im äußersten Nordwesten von Venezuela, nur vereinzelt in den tropischen Tiefland-Urwäldern aufzufinden. In der Pazifikregion im südwestlichen Kolumbien nehmen die Amazonen an Häufigkeit wieder zu.
Die vierte Rasse, die Diadem-Amazone, besiedelt den noch recht unerforschten nordwestlichen Provinzteil von Amazonas, Brasilien, zwischen dem Rio Negro und dem Rio Solimoes. Über das Freileben dieser Rasse konnte der Verfasser keine Informationen erhalten. Bemerkenswert ist, daß der Verbreitungsraum der Diadem-Amazone über 1000 km vom Lebensraum der 2. und 3. Rasse entfernt beginnt. Die Anden in Kolumbien sowie die Cordillera de Merida in Venezuela verhindern eine Ausdehnung der Rasse *A.a. salvin* und *A.a. liliacina* in östlicher Richtung. Die Rasse *A.a. diadema* ist ein reiner Tieflandvogel, der im Süden von Venezuela und im Osten von Kolumbien, in der Bergwelt seine natürlichen Grenzen in seinem Verbreitungsraum findet. Der Verfasser vermutet daher, daß es sich bei der Diadem-Amazone um eine vollkommen selbständige Art handelt. Die Papageienforschung steht erst im Anfangsstadium. Es gilt noch eine Fülle von Erkenntnissen zu sammeln, wobei die Lösung taxonomischer sowie nomenklatorischer Probleme vordergründig erscheint.
Die Brutzeit der drei Rassen der Gelbwangen-Amazone (von der vierten Rasse sind keine Brutzeiten und Brutgewohnheiten bekannt) beginnt im Süden ihres Verbreitungsraumes, in Ekuador und SW-Kolumbien, im Oktober und verlagert sich gegen Norden hin in die Folgemonate. In Tamaulipas, NO-Mexiko, im nördlichst gelegenen Lebensraum, werden die Amazonen erst ab April brutlustig. In Baumhöhlen und verlassenen Spechtnestern werden 2–4 Eier, Größe ca. 39,2 × 30,5 mm, gelegt und ca. 25 Tage lang bebrütet. Angaben über die Nestlingszeit der Jungvögel liegen keine vor.

Haltung/Zucht: Die Gelbwangen-, Salvins- und Ekuador-Amazonen wurden in den letzten Jahren immer wieder in kleiner Stückzahl eingeführt und vom Tierhandel angeboten. Die farblich sehr ansprechende Nominatform mit den leuchtend gelben Wangen ist dabei am häufigsten vertreten. Während der Eingewöhnungszeit muß darauf geachtet werden, daß die Vögel warm untergebracht werden und die Nachttemperatur nicht unter 18°C absinkt. Nach der Akklimatisie-

rung sind die Vögel recht robust und können in den Sommermonaten jederzeit im Garten oder auf dem Balkon gehalten werden.
Anfang 1980 konnte der Verfasser von einem Privatmann eine an einen Zimmerkäfig gewöhnte Diadem-Amazone erwerben. Da kein passender Partner zu erhalten war, wurde die Diadem-Amazone in eine Innenvoliere zu einer Blaukappen-Amazone *(Amazona finschi finschi)* eingesetzt. Aufgrund der Kopf- und Schnabelform wurde angenommen, daß es sich bei der Diadem-Amazone um ein weibliches Tier handelte, die Blaukappen-Amazone war garantiert ein Männchen. Beide Vögel verstanden sich auf Anhieb. Kleine Streitereien, die nie zu Bösartigkeiten ausarteten, würzten das Zusammenleben beider Amazonen. Die in der linken Nachbarvoliere untergebrachten Edelpapageien *(Eclectus roratus pectoralis)* wurden von der Diadem-Amazone respektiert, dagegen wurden die in der rechts liegenden Nachbarvoliere untergebrachten jungen Amazonen und Graupapageien sofort von der Diadem-Amazone angegriffen, sobald diese in die Nähe des Trennungsgitters kamen. Jeder Angriff der Amazone erfolgte unter größtem Geschrei. Zusätzlich wurden die Schwanzfedern gespreizt und die Pupille extrem verengt. Vor und nach solchen Angriffen gab die Diadem-Amazone ein sehr lautes Atemgeräusch von sich. Nachdem die beiden Amazonen wenige Wochen zusammen waren, wurden im Mai die ersten Kopulationsversuche beobachtet. Ein in die Voliere gehängter Naturstamm, ca. 70 cm hoch, 50 cm im Durchmesser und einem Einschlupfloch von ca. 11 cm, wurde sofort von der Diadem-Amazone angenommen. Das Bodenteil wurde noch am selben Tag durchnagt. Nachdem ein neues Bodenteil eingesetzt war, wurde der 5 cm starke Nistblockdeckel von der Amazone in Angriff genommen. Innerhalb kürzester Zeit nagte sie ein Loch mit ca. 13 cm Durchmesser in das Deckenteil. Nach Fertigstellung des neuen Einschlupfloches wurde der Nistkasten nur noch durch die neugeschaffene Öffnung betreten.
Der Partnervogel, die Blaukappen-Amazone, zeigte keinerlei Interesse für den Nistkasten. Nachdem der Nistkasten aufgehängt war, konnten noch mehrmals Kopulationen gesehen werden, aber leider kam es nicht zur Eiablage. Mitte Juni war das „Liebesleben“ abgeklungen. Zwischenzeitlich konnte ein Vogelliebhaber, der eine männliche Diadem-Amazone besaß, ausfindig gemacht werden, so daß die 0,1 Diadem-Amazone jetzt einen artgleichen Partner hat. Es soll nicht verschwiegen werden, daß die eben beschriebene Diadem-Amazone die lauteste aller Amazonen war, die der Verfasser pflegte. Besonders in den Dämmerungszeiten wurde in einer unerträglich hohen Tonlage geschrien.
1956 gelang bei dem englischen Liebhaber E. N. T. Vane (Foreign Birds, Vol. 22,95) die Aufzucht einer jungen Gelbwangen-Amazone durch einen Graupapagei *(Psittacus erithacus)*. Nachdem das Amazonenpaar mehrere Jahre hindurch

erfolglos dem Brutgeschäft nachging, wurden 1956 einem zahmen, alleingehaltenen Graupapageien-Weibchen, das jährlich Eier legte, die Amazoneneier untergelegt. Nach einer Brutzeit von ca. 25/26 Tagen schlüpfte ein Junges. Die Pflegemutter hat mit größter Sorgfalt die kleine Amazone großgezogen. Nach ca. 10 Lebenstagen öffnete die Amazone die Augen, nach 4 Wochen brachen die ersten Kiele auf und bereits im Alter von sieben Wochen soll das Junge wie die Alttiere ausgesehen haben, nach der 8. Woche war es nahezu selbständig.
1946 sollen bereits in den USA zwei Junge der Rasse *Amazona autumnalis lilacina* gezüchtet worden sein.

Dufresnes-Amazone (Granada-Amazone) VII D7 12.
Amazona dufresniana (Shaw) 1812
engl.: Dufresn's Amazon, Blue-cheeked Amazon
2 Rassen

---

1. *Amazona dufresniana dufresniana* (Shaw)

Kennzeichen: Größe ca. 35 cm; grün, Brust- und Bauchseite heller grün; Federn auf Nacken und Rücken dunkel gesäumt; Stirn und Zügel orangegelb; Federn auf Vorderkopf gelb, grün gesäumt; Wangen, Ohrgegend bis zum Nacken hin violettblau; Flügelrand gelbgrün; Handschwingen dunkelblau; Armschwingen grün, die vier äußersten Schwingen an der Wurzel gelborange, Flügelspiegel bildend; Flügelunterseite hellgrün; Schwanzfedern grün, zur Spitze hin hellgrün, die äußeren Schwanzfedern auf der Innenfahne zur Wurzel hin gelborange; Iris orangerot; nackter Augenring grau; Oberschnabel rötlich, Unterschnabel dunkelgrau zur Spitze hin hornfarben; Füße grau.
Jungtiere: orangegelbe Federn auf der Stirn grün durchsetzt; Iris braun.

Verbreitung: NO-Brasilien im nordöstlichsten Para, Franz. Guayana, Surinam, Guayana und äußerstes östliches Venezuela.

Anmerkung: Die Dufresnes- oder Granada-Amazone wurde nach dem französischen Marineoffizier Nicolas Thomas Marion du Fresne (1729–?), der im Auftrag des Marquis de Castries im Jahre 1771 in der Südsee neues Land suchen sollte, benannt: *Psittacus dufresnianus* 1812.

2. *Amazona dufresniana rhodocorytha* (Salvadori)
Rotscheitel-Amazone
engl.: Red-topped Amazon, Red-crowned Amazon, Red-capped Amazon, Red-browned Amazon

Kennzeichen: Größe ca. 34 cm; grün, aber heller als 1. Rasse; Stirn, Zügel und Vorderkopf orangerot, zum Hinterkopf hin auslaufend; untere Augengegend und vordere Wangengegend gelborange, zum Nacken und Kinn hin in Grünblau übergehend; Flügelrand gelbgrün; Flügelfärbung ähnlich wie Nominatform, aber die drei äußeren Armschwingen zur Wurzel hin rot; Schwanzfedern grün, die äußeren Schwanzfedern zur Spitze hin gelbgrün und auf der Innenfahne roter Fleck. Ansonsten der 1. Rasse ähnlich. (Bild Seite 71)
Jungtiere: Vorderkopfzone mit grünen Federn durchsetzt, gelborange und rotorange Färbung nicht so ausgeprägt; der rote Fleck auf den äußeren Armschwingen anscheinend nur auf 2 Federn ausgedehnt (?); rote Färbung an den äußeren Schwanzfedern weniger intensiv; Iris braun.

Verbreitung: O-Brasilien von Alagoas südlich bis Rio de Janeiro.

Anmerkung: Nach Auffassung des Verfassers handelt es sich bei der Dufresnes- und Rotscheitel-Amazone um zwei verschiedene Arten. Die extrem unterschiedliche Färbung beider Rassen, wobei der Farbunterschied des Flügelspiegels besonders hervorgehoben werden muß, läßt die Vermutung zu, daß es sich um eigenständige Arten handeln muß. Der Verfasser sieht eher die Rotschwanz-Amazone *(Amazona brasiliensis)* als Rassenform der Rotscheitel-Amazone an. Verschiedene Ornithologen halten das alte Einordnungssystem bei, betrachten aber die Rotschwanz-Amazone als 3. Rasse von *Amazona dufresniana.*

Lebensweise: Die Dufresnes-Amazone ist in den tropischen Urwäldern der Guayana-Staaten verbreitet. Der besiedelte Lebensraum erstreckt sich von den mit Mangroven-Sümpfen bestandenen Küstenzonen bis in die mit undurchdringlichen Urwäldern bezogenen Bergrücken im Hinterland. Das feuchttropische Klima mit sehr geringen Temperaturschwankungen läßt allen „Forschergeist“ erlahmen, so daß nur sehr wenige Berichte über das Freileben dieser Amazonenart (-rasse) vorliegen. Die Dufresnes-Amazonen sind weitaus seltener als z. B. die Venezuela-, Surinam- oder Müller-Amazonen *(Amazona amazonica amazonica, A. ochrocephala ochrocephala* und *A. farinosa farinosa),* die denselben Lebensraum besiedeln. Hayden teilte 1978 dem Verfasser mit, daß er am Nordhang des Julianatop im Wilhelminagebirge fünf Dufresnes-Amazonen bei der Nahrungsauf-

nahme beobachten konnte. Hayden konnte sich bis auf ca. 30 m nähern, danach flogen die Vögel geräuschlos ab.
Nach Angaben von Hayden beginnt die Brutzeit, wie ihm von Einheimischen berichtet wurde, im Februar/März und endet mit der Nestlingszeit der Jungen kurz vor Beginn der Regenzeit im Mai/Juni.
Die seltene Rotscheitel-Amazone ist in ihrem Lebensraum, in den küstennahen mittelbrasilianischen Bergwäldern, weitaus gefährdeter als die Nominatform. Der ständige Holzschlag sowie die Ausdehnung vieh- und agrarwirtschaftlicher Nutzungsflächen engt den Verbreitungsraum der Amazonen merklich ein. Prof. Dr. Sick (1969) stuft die Rotscheitel-Amazone als äußerst bedrohte Art ein und führt weiterhin an, daß die Amazone im brasilianischen Bundesstaat Rio de Janeiro bereits ausgestorben ist.
Über Brutgewohnheiten liegen keine Angaben vor.

Amazona dufresniana

Haltung/Zucht: Selten gelangen die Dufresnes-Amazonen in den Tierhandel. 1980 konnte der Verfasser bei einem Tierhändler unter einer Anzahl von ca. 200 Venezuela-Amazonen *(Amazona amazonica)* eine Dufresnes-Amazone ausma-

chen. Der Vogel war recht zahm und kam sofort ans Gitter, um sich am Kopf kraulen zu lassen.
Bereits 1830 befand sich eine Dufresnes-Amazone in der Käfiganlage des Kaisers von Österreich.
Die Rotscheitel-Amazone wird noch seltener in Zoologischen Gärten oder Liebhaberhand angetroffen. Im Vogelpark Walsrode wurde 1979 eine Rotscheitel-Amazone ausgestellt. Zwischenzeitlich wurde die Rotscheitel-Amazone in die Artenschutzliste des Washingtoner Artenschutzübereinkommens aufgenommen und darf nicht mehr gehandelt werden.

Rotschwanz-Amazone **VII D7 13.**
Amazona brasiliensis (Linnaeus) 1758
engl.: Red-tailed Amazon, Blue-faces Amazon, Brazilian Green Amazon
1 Rasse

Kennzeichen: Größe ca. 37 cm; grün; Vorderkopf und Zügel leuchtend rot; Oberkopf orangerot; Ohrgegend, Wangen, Nacken und Kinn violettblau in unterschiedlichster Tönung; Flügelrand rot; Hand- und Armschwingen grün, zur Spitze hin blau; auf den fünf äußeren Armschwingen roter Fleck, Flügelspiegel bildend; große Flügeldecken und Handdecken grün, gelb gesäumt; Oberschwanzdecken grün, gelb gesäumt; Schwanzfedern grün mit gelbem breitem Band über die Spitze; äußere Schwanzfedern an der Wurzel rot; Iris braunorange; nackter Augenring weiß; Schnabel hell hornfarben; Füße grau.
Jungtiere: mattere Kopffärbung; Iris dunkelbraun.

Verbreitung: SO-Brasilien von SO-Sao Paulo bis Rio Grande do Sul.

Anmerkung: Die Einordnung der Rotschwanz-Amazone in die Gattungsgruppe der Amazonen ist bis heute nicht endgültig geklärt. Der Verfasser neigt zu der Ansicht, daß A. *brasiliensis* als Nominatform und die 2. Rasse der Dufresnes-Amazone, die Rotscheitel-Amazone, A. *dufresniana rhodocorytha,* deren Lebensraum sich in nördlicher Ausdehnung an den der Rotschwanz-Amazone anschließt, als 2. Rasse der A. *brasiliensis,* betrachtet werden sollte. Die Dufresnes- oder Granada-Amazone, *A.d. dufresniana,* wäre nach Meinung des Verfassers als alleinstehende Art einzugruppieren.

Lebensweise: Der bevorzugte Lebensraum der Rotschwanz-Amazone sind die ehemals großen Araukarien-Wälder in den küstennahen südostbrasilianischen Bergländern. Das Verbreitungsgebiet der Amazonen ist nahezu identisch mit dem der Pracht-Amazone *(Amazona pretrei pretrei),* und der Taubenhals-Amazone *(Amazona vinacea).* Alle drei Arten fliegen oft gemeinsam in kleinen Gruppen auf Nahrungssuche.

Die in den letzten Jahren forcierten Waldrodungen bedrohen den sicheren Fortbestand der prächtigen Amazonen. In den 50er Jahren wurden die Amazonen noch relativ häufig vorgefunden, aber bereits 1969 stuft Prof. Dr. Sick, von der Universität Rio de Janeiro, die Rotschwanz-Amazone als gefährdete Art ein.

Die Brutzeit fällt in die Frühlingsmonate, beginnt im Oktober und dauert bis zum Flüggewerden der Jungen bis März an. Über Brutgewohnheiten und Nestlingszeiten liegen keine Angaben vor.

Amazona brasiliensis

Haltung/Zucht: Bereits 1828 soll die Rotschwanz-Amazone in der Sammlung des österreichischen Kaisers in Wien-Schönbrunn gehalten worden sein. In den darauffolgenden Jahren wurden die Vögel vereinzelt eingeführt und gelangten 1912 auch in den Berliner Zoo. Heutzutage befinden sich nur sehr wenige Rotschwanz-Amazonen in den Händen von Liebhabern.

Die Rotschwanz-Amazone wird in der Artenschutzliste des Washingtoner Artenschutzübereinkommens geführt.

Blaukopf-Amazone **VII D7 14.**

Amazona arausiaca (P.L.S. Müller) 1766

engl.: Red-necked Amazon; Bouquet's Amazon; Blue-faced Dominican Amazon

1 Rasse

Kennzeichen: Größe ca. 40 cm; grün; Federn der Oberseite dunkel gesäumt; Kopf blau, an Wangen und Hinterkopf in Grün übergehend; Kehle rot, rote Ausdehnung kann sich bis zur Brust ausdehnen; Handschwingen grün, zur Spitze hin in Dunkelblau übergehend; Armschwingen grün, die drei äußeren Federn bilden roten Flügelspiegel; Schwanzfedern grün, zur Spitze hin gelbgrün, die äußeren Federn auf der Innenfahne zur Wurzel hin rot; Iris orange; nackter Augenring weißlich; Schnabel hell horngrau, zur Spitze hin dunkler; Füße graubraun. 0.1 sollen weitaus größer sein (?). (Bild Seite 71)

Jungtiere: Blau am Kopf nicht so ausgedehnt (?); roter Kehlfleck kleiner (?); Iris dunkelbraun.

Verbreitung: Dominica W.I.

Amazona arausiaca

Dominica W. I.

Lebensweise: Dominica, die nördlichste Insel in der Gruppe der Windward Islands, die zu den Kleinen Antillen gehören, ist der Lebensraum der Blaukopf-Amazone. Mit einer Fläche von 751 qkm erreicht Dominica die Größe Hamburgs, ist aber mit ca. 75000 Einwohnern, wovon 10000 in der Hauptstadt Roseau leben, dünn besiedelt. Wie die anderen Inseln der Kleinen Antillen wird auch Dominica durch Vulkanismus geprägt. In Nord-Südrichtung wird die Insel durch ein stark zerschnittenes Gebirge durchzogen. Die höchste Erhebung mit 1447 m ist der Morne Diablotin. Der innere Teil der Insel ist mit dichtem tropischem Regenwald überzogen, ein Durchdringen scheint dort nahezu unmöglich. Tiefhängende Regenwolken lassen die schon extrem hohe Luftfeuchtigkeit fast auf 100% anwachsen. Die zusätzlich hohen Temperaturen (Jahresmittel ca.

decken grün, gelb gesäumt; Schwanzfedern grün, gelblichgrün gesäumt; Iris orangerot; nackter Augenring grau; Schnabel gräulichschwarz; Füße grau.
Jungtiere: Nur wenig Blau im Bereich der Augenregion und am Kinn; Unterrücken und Bürzel grün mit wenig roten Federn durchsetzt; Iris braun.

Verbreitung: O-Ekuador, NO-Peru und großer Teil der Provinz Amazonas, Brasilien.

2. *Amazona festiva bodini* (Finsch)
Bodini-Amazone
engl.: Bodin's Amazon

Kennzeichen: Wie 1. Rasse, aber mehr olivgrün; Zügel schwärzlich, Stirn rot zum Oberkopf hin in rötlichlila übergehend; vordere Wangengegend türkisblau; hintere Wangengegend bis zum Ohrfleck grünlichblau; Flügelrand gelb.
Jungtiere: blaue und rote Ausdehnung an der Kopfpartie nur gering ausgedehnt und weniger farbintensiv; Unterrücken und Bürzel grün mit wenigen roten Federn durchsetzt; Iris braun. (Bild Seite 72)

Verbreitung: NW-Guayana und die Provinzen S-Amacuro und Bolivar in Venezuela.

Anmerkung: Dr. O. Finsch benannte die Bodini-Amazone nach Dr. Karl August Heinrich Bodinus (1814–1884). Dr. Bodinus war ein anerkannter Restaurator sowie Direktor des Zoologischen Gartens von Berlin: *Chrysotis bodini finsch,* 1873

Lebensweise: Die Blaubart-Amazone ist entlang des Amazonasstroms, in den mit undurchsichtigen Urwäldern bewachsenen Tiefländern der tropischen Zone, beheimatet. Die riesigen Urwälder und die ausgedehnten Sumpfgebiete lassen kaum eingehende Beobachtungen in freier Natur zu. Es wird vermutet, daß die Blaubart-Amazonen entlang des oberen Amazonasstroms die am zahlreichsten vertretene Art ihrer Gattungsgruppe ist. Die Papageien leben hauptsächlich in den hohen Baumkronen. In den späten Nachmittagsstunden versammeln sich die kleinen Schwärme in ihren Ruhe- und Schlafbäumen und können dabei recht große Ansammlungen bilden.
Die 2. Rasse, die Bodini-Amazone, scheint weitaus seltener zu sein. Der von ihr genutzte Lebensraum ist in Art und Vegetationswuchs identisch mit dem der Blaubart-Amazone. Entlang des Orinocostroms in Bolivar, Venezuela, ist die Bodini-Amazone nur örtlich beschränkt anzutreffen. (Phelps und Phelps, 1958). In

NW-Guayana konnten die Vögel schon viele Jahre nicht mehr gesichtet werden. Es scheint, daß die Vögel in diesem Gebiet nur als Zugvögel kurzfristig angetroffen werden. Allerdings teilte Hayden (1978) dem Verfasser mit, daß er in der Nähe von Kamarang, Guayana, nahe der Grenze zu Venezuela, zwei zahme Bodini-Amazonen, die von einem Indianerstamm gehalten wurden, sehen konnte. Die beiden Vögel waren ca. 5 Monate alt. Da Hayden die Indianer im August besuchte, muß angenommen werden, daß die Amazonen im Februar/März geschlüpft sind.

Amazona festiva

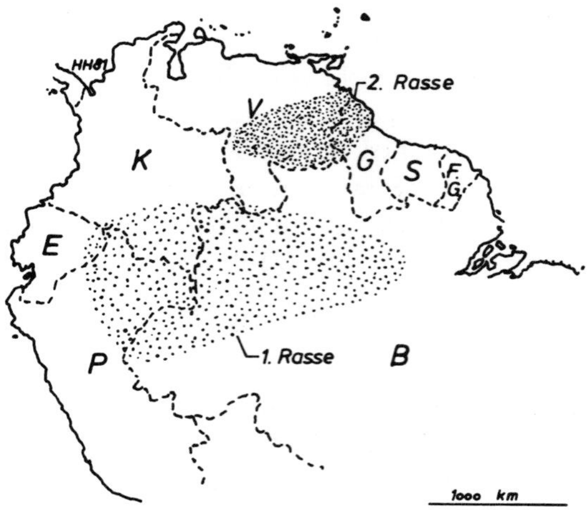

Haltung/Zucht: Im Zoo von Port of Spain, Trinidad, konnte der Verfasser eine Bodini-Amazone sehen (1979). Die Amazone war sehr zahm, kam gleich ans Gitter und hielt ihren Kopf zum Kraulen hin. Während des Kraulens gab sie wohlklingende Brummlaute von sich.

Die Blaubart- und Bodini-Amazonen werden ganz selten in Deutschland angeboten. Zwei prächtige, äußerst zutrauliche Blaubart-Amazonen konnte der Verfasser in einer wunderschönen Volierenanlage eines norddeutschen Liebhabers sehen (1976). Die beiden Papageien waren anfänglich etwas scheu, gewöhnten sich allerdings sehr schnell ein und nahmen Leckerbissen nach kürzester Zeit aus der Hand an. Eine der Amazonen zeigte sich als sehr sprechbegabt und hatte ein Repertoire von mindestens zwanzig Worten gelernt.

Über eventuelle Nachzuchten liegen keine Angaben vor, nur die, daß es eine Mischlingszucht mit 1,0 Jamaika-Amazone *(Amazona collaria)* und 0,1 Bodini-Amazone gab.

Gelbbauch-Amazone **VII D7 16.**
Amazona xanthops (Spix) 1824
engl.: Yellow-faced Amazon; (Yellow-crowned Amazon)
1 Rasse

Kennzeichen: Größe ca. 27 cm; grün; Kopf, Nacken, Kinn, Kehle gelb; gelber Nacken oft mit dunkelgrünen Federn durchsetzt; Ohrgegend mehr gelborange; Oberbauch rotorange, mit gelben und grünen Federn durchsetzt; Unterbauch gelb; Schenkel hellgrün; Flügelrand gelbgrün; Hand- und Armschwingen grün, auf der Außenfahne blaugrün; kleine und große Flügeldecken grün, gelb gesäumt; Schwanzfedern grün, zur Spitze hin gelbgrün; äußere Schwanzfedern auf der Innenfahne zur Wurzel hin rot; Iris gelborange; nackter Augenring weiß; Schnabel hell hornfarben, Oberschnabelfirst gräulich; Füße grau.
Jungtiere: Die gelben Gefiederpartien sind sehr spärlich ausgedehnt; Brust und Bauch grün, mit wenigen gelben Federn durchsetzt; Iris braun. Die Ausfärbung dauert mehrere Jahre an. (Bild Seite 71)

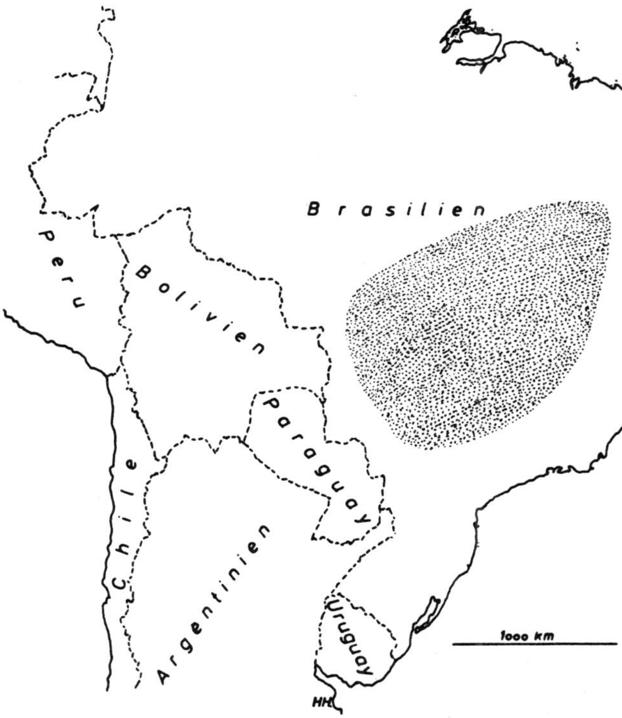

Amazona xanthops

Verbreitung: Östliches und zentrales Brasilien vom südl. Piaui bis Sao Paulo, Goias und Mato Grosso.

Lebensweise: Über das Freileben der Gelbbauch-Amazonen liegen nur wenige, spärliche Angaben vor. Die oft sehr unzugänglichen Landschaftsformen erschweren das Aufspüren und Beobachten dieser seltenen Amazonenart. Prof. Dr. H. Sick berichtet, daß die Vögel Bewohner landschaftstypischer Vegetationsformen sind; d.h., daß die Vögel offene, laubabwerfende Mischwälder besiedeln. In Mato Grosso werden die Gelbbauch-Amazonen in den mit Büschen und Bäumen durchsetzten savannenartigen Gegenden vereinzelt angetroffen. Über Brutgewohnheiten liegen keine Berichte vor. Nach Schönwetter (1964) beträgt die Größe der elliptischen Eier 40,5 × 31,9 mm.

Haltung/Zucht: Dr. K. Ruß berichtet, daß 1879 für eine Vogelausstellung in Berlin von Hagenbeck zwei Gelbbauch-Amazonen eingeführt wurden. In der Sammlung des Vogelparks Walsrode befindet sich (1980) eine Gelbbauch-Amazone, die nach der Färbung zu urteilen, erst wenige Jahre alt sein dürfte. Es besteht durchaus die Möglichkeit, daß die Ausdehnung der gelben Gefiederpartien an Kopf, Brust und Bauch sehr variieren kann und je nach Ausdehnung kein Altersmerkmal darstellt.
Johann Natterer (1781–1843), der mehrere Jahre in Brasilien lebte, schildert die Gelbbauch-Amazone als „stumpfsinnigen" Vogel. Solche Aussagen sollte man nicht auf die ganze Art anwenden, zumal die Aussage zu einem Zeitpunkt aufgestellt wurde, als ein Papagei nach wenigen Tagen zahm sein und dazu möglichst noch sprechen lernen sollte. Diese Art von Papageien bezeichnete man damals als intelligent, nett und liebenswürdig; sobald ein Vogel aber schrie oder zubiß, war er bösartig oder dumm. Leider wurden in Unkenntnis der Wesensart der einzelnen Individuen solche Aussagen immer wieder in neue Bücher und Fachartikel übernommen, so daß im Laufe der Zeit die eine oder andere Tierart den Ruf eines „minderwertigen Lebewesens" erhielt.

Abb. 27 *(oben links):* Blaue Mutationsform der Panama-Amazone (Amazona ochrocephala panamensis). Alle sonst grüngefärbten Gefiederpartien sind bei diesem Vogel blau (s. Seite 117). Abb. 28 *(oben rechts):* Die Gelbnacken-Amazone (Amazona ochrocephala auro-palliata) ist in einem kleinen Teil des karibischen Küstenstreifens in Mittelamerika verbreitet (s. Seite 117). Abb. 29 *(unten):* Panama-Amazone (Amazona ochrocephala panamensis) mit extremer Ausdehnung des gelben Vorderkopfgefieders. Zügel und Federstreif unter dem nackten Augenring sind ebenfalls gelb (s. Seite 117).

Gelbschulter-Amazone(Kleine Gelbkopf-Amazone) VII D7 17.
Amazona barbadensis (Gmelin) 1788
engl.: Yellow-shouldered Amazon
2 Rassen

---

1. *Amazona barbadensis barbadensis* (Gmelin)

Kennzeichen: Größe ca. 33 cm; grün; Federn auf Rücken- und Vorderseite dunkel gesäumt; Stirn und Zügel weiß, vereinzelte Federn oft hellbläulich gesäumt; Vorderkopf, Augenregion und oberer Teil der Wangen gelb; unterer Teil der Wangen, Ohrgegend und Kehle hellbläulich; Hinterkopf und Nacken gelbgrün; Flügelbug gelb; Flügelrand gelbgrün; roter Flügelspiegel auf vier Federn der Armschwingen; Hand- und Armschwingen grün, auf der Außenfahne zur Spitze hin blau, Flügelunterseite blaugrün; Schenkel gelb; Schwanzfedern grün, zur Spitze hin gelbgrün; äußere Schwanzfedern an der Wurzel rot, auf der Außenfahne blaugrün; Iris orange, nackter Augenring weiß; Schnabel hell hornfarben; Füße gräulich. (Bild Seite 72)
Jungtiere: gelbe Kopfpartie und gelber Flügelbug geringer ausgedehnt, Iris dunkelbraun.

Verbreitung: Venezuela, in den Küstenbereichen der Provinzen Falcon (bis?) und Anzoategui. Aruba (Insel der Niederländischen Antillen) letzter Nachweis von 2 Tieren im Jahr 1955.

Abb. 30: Die Gelbkopf-Amazone (Amazona ochrocephala oratrix) ist eine der beliebtesten Papageienarten. Ihr Lebensraum erstreckt sich auf die karibischen und pazifischen Küstengebiete von Mexiko. Die gelben Gefiederzonen dehnen sich oftmals über Brust und Bauch aus (s. Seite 118).

2. *Amazona barbadensis rothschildi* (Hartert)
Rothschild-Amazone
engl.: Rothschild's Amazon

Kennzeichen: Wie 1. Rasse aber Flügelbug mehr orangefarben, gelbe Kopfpartie geringer ausgedehnt.
Verbreitung: Bonaire (Insel der Niederländischen Antillen), sowie die Inseln Margarita und Blanquilla.

Anmerkung: 1892 benannte Dr. Ernst Hartert die zweite Rasse der Gelbschulter-Amazone zu Ehren des Lord Lionel Walter Rothschild: *Chrysotis rothschild* 1892. Auch noch viele andere Vögel wurden nach Lord L. W. Rothschild benannt.

Amazona barbadensis

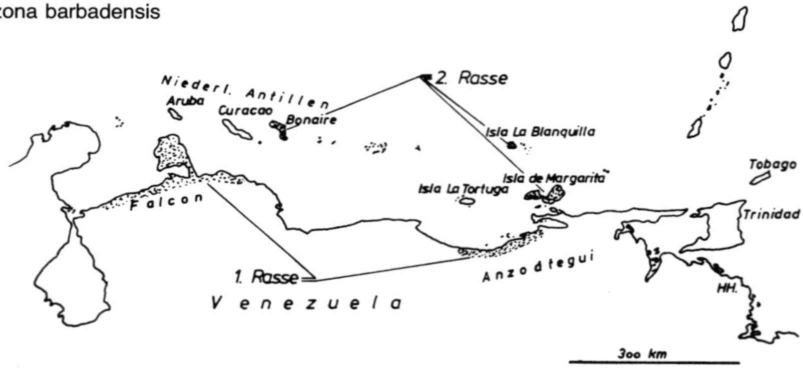

Lebensweise: Die Gelbschulter-Amazonen sind Bewohner trockener Küstenlandzonen. Auf dem südamerikanischen Festlandsockel wurden sie im Küstenbereich der Provinz Falcón und in der Nähe der Küstenstadt Barcelona, Anzoátegui, (Phelps und Phelps, 1958) beobachtet. Auf Aruba wurden 1955 nachweislich 2 Vögel letztmals gesehen, seit diesem Zeitpunkt liegen keine weiteren Angaben über das Vorkommen der Gelbschulter-Amazonen vor. Die „Ausrottung" der Amazonen auf der Insel Aruba ist, wie bei den anderen karibischen Inselformen, auf die Zerstörung des Lebensraumes zurückzuführen. 1892 konnte Dr. Hartert (1908 auch Ferry) melden, daß die Amazonen in großer Stückzahl auf Aruba vorkommen. 1948 wurden nur noch wenige Paare registriert. K. H. Voous meldete 1952 eine ergebnislose Nachsuche und gab bekannt, daß die Gelbschulter-Amazone auf Aruba ausgestorben wäre. Die Zerstörung der Umwelt der Insel

Aruba ist mit wenigen Worten geschildert: Bis 1929 wurde die karge, trockene, mit Kakteen bewachsene Insel Aruba landwirtschaftlich genutzt, dann kam das in Venezuela geförderte Öl zur Veredlung auf die Insel, und in wenigen Jahren wuchsen die Ölmengen sowie die Veredelungsstätten. Heute haben die Raffinerien gigantische Formen angenommen.
Auf der Hauptinsel der Niederländischen Antillen, auf Curaçao, die ebenso wie Aruba von der Erdölverarbeitung geprägt wird, waren die Amazonen nicht verbreitet. Auf Bonaire, der dritten und ursprünglichen Insel, die recht dünn besiedelt ist (8500 Einwohner; Inselgröße: 288 qkm) und nur landwirtschaftlich genutzt wird, haben sich bis heute wenige Gelbschulter-Amazonen der zweiten Rasse halten können. Rosemary Low, eine bekannte englische Papageienliebhaberin, konnte 1978 die Insel Bonaire besuchen und veröffentlichte darüber in der Zeitschrift „Cage + Aviary Birds“ einen eindrucksvollen Bericht: 1978 sollen noch 400–500 Amazonen auf der Insel gelebt haben. Eine Dürrekatastrophe, die die Insel heimsuchte, trieb viele der Vögel in die Stadt Kralendijk. Etliche Amazonen wurden abgeschossen und viele andere sind verhungert.
Der Verlust wurde auf 200 Stück geschätzt. Die wenigen noch lebenden Papageien verteilen sich über die ganze Insel und ziehen in kleinen Gruppen auf Nahrungssuche durch die dürre Landschaft. Im Norden der Insel wurde ein ehemaliges Farmland in der Größe von 2428 ha zum Naturpark erklärt und dient vielen Gelbschulter-Amazonen als Aufenthaltsort.
Die Brutzeit beginnt im April und kann bis in den Oktober, je nach Regenfall, andauern. Da wenig Baumhöhlen als Nistplätze zur Verfügung stehen, nehmen die Papageien Felsspalten und Klippenlöcher als Nester an. 2–4 Eier, Größe 36,7 × 26,1 mm, werden gelegt und bebrütet. Näheres über die Nistgewohnheiten war nicht zu erfahren. Der Hauptgrund für die ständige Abnahme des Amazonenbestands auf Bonaire ist das Klima, bzw. die Regenfälle, die den Nahrungsbestand regeln. Die ständig zunehmende Verbreitung der Perlaugendrossel *(Margarops fuscatus)*, die den ganzen karibischen Raum besiedelt, und als Höhlenbrüter viele Nester zerstört, bildet eine weitere Gefahr für die Gelbschulter-Amazonen. Betrüblich ist auch die Tatsache, daß viele Jungvögel, obwohl sie auf der Insel unter totalem Schutz stehen, aus den Nestern geholt werden, um als Käfigvögel gehalten zu werden. Viele dieser Käfigvögel gelangen dann auf die Nachbarinseln Curaçao und Aruba. Von den venezolanischen Inseln Blanquilla und Margarita liegen aus letzter Zeit keine Bestandsmeldungen über die 2. Rasse der Gelbschulter-Amazonen vor.

Haltung/Zucht: Die Nominatform der Gelbschulter-Amazone wird selten eingeführt. Wenige Exemplare dieser Art konnte der Verfasser 1979 bei einem Impor-

teur sehen, der sie als Jungtiere der Gelbkopf-Amazone betrachtete. Alle acht Vögel waren sehr jung (dunkle Iris) und handzahm. Vermutlich wurden die Tiere in ihrer Heimat aus dem Nest genommen und von Hand großgezogen. Anscheinend gelangten die Amazonen über Guayana nach Deutschland.
Nachzuchten in Gefangenschaft sind noch nicht gelungen. Gelbschulter-Amazonen sollen sich gegenüber anderen Papageienarten als sehr verträgliche Käfig- oder Volierengenossen erweisen und sind auch gegenüber weitaus kleineren Arten sehr verträglich. Gleichfalls zeigen diese Amazonen eine große Begabung um Geräusche, Melodien, Pfiffe und Wörter zu lernen. Es ist schade, daß die Vögel in ihrem ursprünglichen Heimatland in ihrer Existenz so bedroht sind, so daß für die Zukunft keine Möglichkeit mehr besteht, die Tiere in Liebhaberhand zu pflegen.
Die Gelbschulter-Amazone wird in der Artenschutzliste des Washingtoner Artenschutzübereinkommens geführt.

Blaustirn-Amazone **VII D7 18.**
Amazona aestiva (Linnaeus) 1758
engl.: Blue-fronted Amazon
2 Rassen

---

1. *Amazona aestiva aestiva* (Linnaeus)
Blaustirn-Amazone, Rotbug-Amazone

Kennzeichen: Größe ca. 37 cm; grün, dunkel gesäumt; Stirn und Zügel blau; Vorderkopf, Augengegend, Wangen und Kehle gelb; Flügelbug rot, oft mit Gelb durchsetzt; Flügelrand rot, oft gelb oder mit Gelb durchsetzt; Hand- und Armschwingen grün, zur Spitze hin blau; roter Flügelspiegel auf den fünf äußeren Armschwingen; Flügelunterseite blaugrün; Schwanzfedern grün, mit gelbgrüner Spitze; äußere Schwanzfedern an der Wurzel rot; Schenkel gelblichgrün; Iris orange; nackter Augenring gräulich; Schnabel gräulichschwarz; Füße grau.
Jungtiere: gelbe und blaue Ausdehnung an der Kopfpartie geringer ausgedehnt; Iris dunkelbraun. (Bild Seite 72)

Verbreitung: Östliches, zentrales Brasilien von Piaui südlich bis Rio Grande do Sul und südöstlich bis Mato Grosso.

2. *Amazona aestiva xanthopteryx* (Berlepsch)
Blaustirn-Amazone, Gelbbug-Amazone
engl.: Blue-fronted Amazon, Yellow-winged Amazon

Kennzeichen: Wie 1. Rasse, aber mit gelbem Flügelbug; Flügelrand gelb. (Bild Seite 89)

Verbreitung: Vom südwestlichen Mato Grosso in Brasilien über Paraguay bis nördliches Buenos Aires in Argentinien.

Anmerkung: Die Färbung beider Rassen kann sehr stark variieren, besonders die gelben und blauen Farbzeichnungen im Kopfbereich fallen unterschiedlichst aus. Ebenfalls bestehen sehr große Unterschiede in der Größe.

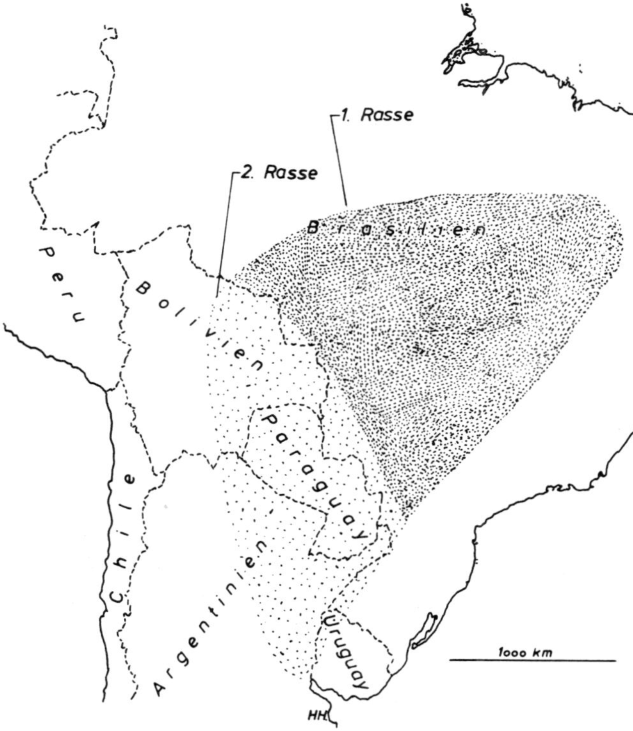

Amazona aestiva

Lebensweise: Die Blaustirn-Amazone kommt noch in allen Teilen ihres großen Verbreitungsgebietes zahlreich vor. Die Papageien besiedeln sämtliche Landschaftsformen. So trifft man sie in dichten Urwäldern ebenso wie in mit Bäumen bewachsenen Savannengebieten an. Wie alle Amazonenarten leben auch die Blau-

stirn-Amazonen außerhalb der Brutzeit in großen Schwärmen. Besonders in den Abendstunden können sich an den Schlafplätzen oft tausende Vögel versammeln. Am nächsten Morgen erfolgt, nachdem sich kleine Trupps gebildet haben, der Abflug zu den Nahrungsplätzen, der unter größtem Geschrei stattfindet. Die Nahrungsbäume werden so lange von denselben Amazonen angeflogen, bis sie vollständig abgeerntet sind. Danach wird nach neuen Nahrungsplätzen gesucht, die dann ebenso wieder systematisch abgeerntet werden.
W. Stone und H. R. Roberts (1935) berichten, daß im Descalvados-Gebiet von Rehn, in unmittelbarer Nähe zueinander, zwei Schwärme von Blaustirn- und Venezuela-Amazonen *(Amazona amazonica)* gesehen wurden. Direkte Verbindung mit anderen Amazonenschwärmen scheinen die Blaustirn-Amazonen nicht einzugehen.
Wie den Literaturangaben zu entnehmen ist, sind die Amazonenschwärme außerhalb der Brutzeit ständig auf Wanderschaft und örtlich nur begrenzte Zeit anzutreffen. Oft kommen die Vögel gebietsweise in größter Zahl vor und sind dann, wenn sie den Distrikt wieder verlassen haben, oft jahrelang nicht mehr in diesem (Verbreitungs-) Gebiet zu sehen. Die Brutzeit fällt in die Monate Oktober bis März. In der Regel werden zwei bis vier, manchmal fünf Eier, Größe 38,1 × 29,6 mm, gelegt und ca. 25/26 Tage lang bebrütet.
Über Nestlingszeiten liegen sehr unterschiedliche Angaben vor. In der Regel wird die Nestlingszeit 9 bis 10 Wochen andauern.

Haltung/Zucht: Die 2. Rasse der Blaustirn-Amazone ist wohl die am häufigsten gehaltene Amazone. Die 1. Rasse mit dem roten Flügelbug ist weitaus seltener. An Beliebtheit wird sie nur noch von der Gelbscheitel-Amazone *(Amazona ochrocephala ochrocephala* und A.o. panamensis) übertroffen. Nahezu sämtliche Tier- und Vogelparks halten die farblich sehr ansprechenden Vögel. Bereits seit dem letzten Jahrhundert werden sie ständig angeboten. Dr. K. Ruß/K. Neunzig, 1921, berichten: „Von den Eingeborenen am höchsten geschätzt, weil für die Abrichtung am zugänglichsten von allen; von allen Arten am zahlreichsten im Handel. Man hat Beispiele von erstaunlich reich begabten Amazonen, nicht allein im Sprechenlernen, sondern ebenso im Nachsingen von Liedern, im Nachflöten von drei bis vier Weisen. Wie bei allen, kommen auch Vögel vor, welche wenig oder gar nichts lernen.“ Dies hat auch heute noch Gültigkeit. Der Verfasser konnte schon sehr viele zahme, gutsprechende Blaustirnamazonen sehen.
Schon mehrfach gelangen Nachzuchten mit der Blaustirn-Amazone. Die Keston-Vogelfarm, England, meldete die größten Erfolge; so wurden u. a. 1939 fünf Junge von einem Paar gezogen, 1950 brütete sogar ein in Gefangenschaft gezogenes Weibchen und brachte ein Junges groß.

In einem tschechischen Safari-Zoo (Vit 1974) konnten erfolgreich Blaustirn-Amazonen großgezogen werden. Anfang Mai 1972 kamen die Amazonen aus dem Winterquartier in eine 2 × 2 × 3 m große Außenvoliere, die sich in direkter Nähe des Zooeingangs befand. Ein im Juni eingestellter Nistkasten mit einer Grundfläche von 36 × 36 cm und einer Höhe von 150 cm, der mit einer Schicht Hobelspäne und Torfmull gefüllt war, wurde sofort von den Vögeln inspiziert. Am 10. Juli hielt sich die Henne längere Zeit im Brutkasten auf und wurde auch ab diesem Zeitpunkt vom Hahn sehr eifrig gefüttert. Am 18. Juli lag das erste Ei (38,1 × 29,6 mm, Schönwetter, 1964) im Kasten. Danach wurden noch 3 Eier gelegt. Bei der am 20. August erfolgten Kontrolle lagen 2 Junge, ca. 10 (?) Tage alt, im Nest. Die Jungen waren mit grauen Flaumfedern bedeckt, und 14 Tage später waren bereits die ersten Farbkennzeichen der Kopf- und Flügelfedern zu sehen. Anscheinend konnte man an der Kopf- und Schnabelpartie bereits erkennen, daß es sich bei den Jungen um ein Paar handelte. Am 4. Oktober hatte das erste Junge den Nistkasten verlassen und hielt sich ausschließlich auf dem Boden auf. Da Nachtfröste zu erwarten waren, wurde es in den Brutblock zurückgesetzt. Am 11. Oktober verließen dann beide Junge den Kasten und verhielten sich die erste Zeit etwas tolpatschig. Fünf Tage später konnten sie recht ordentlich fliegen und begannen selbständig zu fressen. Im Jahr 1973 wurden die Amazonen am 23. Mai in die Freivoliere gebracht. Bereits 20 Tage später wurde das erste Ei gelegt. Der Hahn hielt am Nistkasten Wache solange die Henne brütete. Am 10. Juli konnten bei der Nistkastenkontrolle zwei Junge festgestellt werden. Da die Inspektionen die Alttiere sehr beunruhigten, wurden sie aufs Notwendigste beschränkt. Am 16. September verließ der erste Jungvogel das Nest, das zweite Junge folgte fünf Tage später nach. Es waren prächtige, starke Vögel, die bereits nach wenigen Tagen selbständig fraßen.
Viele Blaustirn-Amazonen, die jahrelang als Einzelvögel in Käfigen gehalten wurden, eignen sich zu Zuchttieren. Sicherlich verläuft in den meisten Fällen der erste Brutversuch nicht zufriedenstellend, aber es scheint, daß die Amazonen daraus lernen und die bei der ersten Brut gemachten Fehler bei darauffolgenden Zuchten vermeiden.

Gelbscheitel-Amazone (Gelbstirn-Amazone) VII D7 19.
Amazona ochrocephala (Gmelin) 1788
engl.: Yellow-crowned Amazon
9 Rassen

---

1. *Amazona ochrocephala ochrocephala* (Gmelin)
Surinam-Amazone
engl.: Yellow-headed Amazon (Yellow-fronted Amazon)

Kennzeichen: Größe ca. 36 cm; grün, Wangen, Ohrgegend, Brust und Bauch mehr gelbgrün; Vorderkopf und Zügel gelb; grüne Nackenfedern dunkel gesäumt; Flügelbug rot; Flügelrand gelbgrün; Hand- und Armschwingen grün, zur Spitze hin dunkelblau; auf den fünf äußeren Schwingen der Armschwingen roter Fleck, Flügelspiegel bildend; Flügelunterseite grün; Schwanzfedern grün mit gelbgrüner Spitze; äußere Schwanzfedern an der Wurzel der Innenfahne rot; Schenkel gelbgrün, oft gelblich; Iris orange; nackter Augenring grau; Schnabel gräulich hornfarben, Oberschnabel an der Basis orangegräulich; Füße grau.
Jungtiere: Vorderkopf und Zügel geringere gelbe Ausdehnung und mit vielen grünen Federn durchsetzt; roter Flügelbug geringer ausgedehnt; Oberschnabel mehr gräulich; Iris braun.

Verbreitung: Vom nördl. Para in Brasilien über die Guayana-Staaten, Trinidad, Venezuela bis an die Andenhänge von Norte de Santander und Meta in Kolumbien.

2. *Amazona ochrocephala xantholaema* Berlepsch
Marajo-Amazone,
engl.: Marajo Yellow-headed Amazon

Kennzeichen: Wie 1. Rasse, aber gelbe Ausdehnung auf dem Vorderkopf noch größer; Augenring gelblich; Schenkel gelb.

Verbreitung: Insel Marajo in der Amazonasmündung in Brasilien.

3. *Amazona ochrocephala nattereri* (Finsch)
Natterers-Amazone, Grüne Amazone
engl.: Natterer's Amazon

Kennzeichen: Wie 1. Rasse, aber nur gelbes Stirnband; Wangen, Ohrgegend bläulichgrün.

Verbreitung: Von W-Caqueta in S-Kolumbien südwärts über O-Ekuador bis Madre de Dios in SO-Peru und südöstlich bis SW-Amazonas in NW-Brasilien.

Anmerkung: Dr. Otto Finsch benannte 1864 die 3. Rasse der Gelbscheitel-Amazone zu Ehren des Österreichers Johann Natterer (1781–1843): *Psittacus (Chrysotis) nattereri* Finsch, 1864. J. Natterer hielt sich 18 Jahre in Brasilien, Bolivien, Kolumbien und Guayana auf, wo er 12293 Vögel präparierte und katalogisierte. Das Zoologische Institut in Wien, beschrieb hieraus 130 neue Arten.

4. *Amazona ochrocephala panamensis* (Cabanis)
Panama-Amazone
engl.: Panama Yellow-headed Amazon

Kennzeichen: Wie 1. Rasse, aber etwas heller grün gefärbt; Nackenfedern nur geringe dunkle Säumung; geringe gelbe Ausdehnung am Vorderkopf, mehr grünlich-gelb, Scheitel bläulich-grün; Flügelbug ausgedehnter rot; Schenkel gelblicher; Schnabel gräulich hornfarben mit dunkler Spitze; etwas kleiner. (Bild Seite 90)
Jungtiere: Wie 1. Rasse, aber Flügelbug nahezu ohne rote Färbung.

Verbreitung: NW-Kolumbien von Magdalena südlich bis Choco und Panama einschließlich Archipielago de las Perlas (Inselgruppe im Pazifik).

5. *Amazona ochrocephala auropalliata* (Lesson)
Gelbnacken-Amazone
engl.: Yellow-naped Amazon, Golden-naped Amazon

Kennzeichen: Wie 1. Rasse, aber ohne gelben Vorderkopf und Zügel, manchmal gelbe Federn auf dem Vorderkopf; gelbes Nackenband; Flügelbug grün; Schenkel grün; Schnabel gräulich. (Bild Seite 107)

Verbreitung: Von NW-Nicaragua nordwärts, entlang der Pazifikküste bis O-Oaxaca in SW-Mexico.

6. *Amazona ochrocephala parvipes* Monroe und Howell

Kennzeichen: Wie 5. Rasse, aber mit rotem Flügelbug; Schnabel matter gefärbt. (Bild Seite 90)

Verbreitung: Entlang der karibischen Küste von NO-Nicaragua bis NO-Honduras einschließlich der Islas de la Bahia.

Anmerkung: B. L. Monroe jr. und T. R. Howell ordnen die im karibischen Küstenbereich vorkommende Gelbnacken-Amazone als eigene Rasse der Gelbscheitel-Amazone ein.

7. *Amazona ochrocephala belizensis* Monroe und Howell
Gelbkopf-Amazone

Kennzeichen: Wie 8. Rasse, aber gelbe Ausdehnung am Kopfbereich nur an Stirn, Zügel, Augengegend, Oberkopf, obere Wangenregion und Ohrgegend; vereinzelt gelbe Federn an der Kehle und im Nacken.

Verbreitung: Karibischer Küstenbereich in Belize.

Anmerkung: B. L. Monroe jr. und T. R. Howell, die sich ausgiebig mit den geographischen Verbreitungsgebieten der Gelbscheitel-Amazone im mittelamerikanischen Raum befaßten, ordneten die in Belize vorkommenden Gelbkopf-Amazonen als eigene Rasse ein.

8. *Amazona ochrocephala oratrix* Ridgway
Gelbkopf-Amazone, Doppel-Gelbkopf-Amazone, Große Gelbkopf-Amazone
engl.: Double Yellow-fronted Amazon, Mexican Yellow-headed Amazon, Levaillant's-Amazon

Kennzeichen: Kopf und Kehle gelb; Flügelbug rot, in Gelb übergehend; Flügelrand gelb; Schenkel gelb; nackter Augenring weiß; Schnabel hell hornfarben, Oberschnabel an der Basis etwas dunkler; größer und kräftiger.
Jungtiere: Kopf und Kehle grün mit gelben Federn durchsetzt; die Gelbfärbung beginnt erst im Bereich der Stirn und des Vorderkopfs und dehnt sich dann allmählich aus; Flügelbug grün, Flügelrand gelbgrün; Iris braun. (Bild Seite 108)

Verbreitung: An der karibischen und pazifischen Küste in Mexiko von W-Campeche über Tabasco, Veracruz, S-Tamaulipas bis SO-Nuevo León und von W-Chiapas über S-Oaxaca, Guerrero, W-Michoacán bis Colima.

9. *Amazona ochrocephala tresmariae* Nelson
Tres-Marias Gelbkopf-Amazone
engl.: Tres Marias Amazon, Tres Maris Yellow-headed Amazon

Kennzeichen: Wie 8. Rasse, aber gelbe Kopfpartie bis in den Nacken und zur Oberbrust ausgedehnt; hellere Grünfärbung; Vorderseite mehr gelbgrün, hellbläulich schimmernd; Flügelbug orange; mittlere Flügeldecken gelb; Flügelrand orange; etwas größer.

Verbreitung: Islas Tres Marias (der Provinz Nayarit, W-Mexiko, vorgelagerte Inseln)

Lebensweise: Über den riesigen Verbreitungsraum, der sich vom Amazonas-Mündungsdelta und O-Peru nordwärts bis nach Mexiko erstreckt, haben sich neun Rassen (Check-List of Birds of the World, Volume III by James Lee Peters, 1937: dort werden die Rassen 6 und 7 noch nicht geführt), herausgebildet. Die Gelbscheitel-, Gelbnacken- und Gelbkopf-Amazonen besiedeln in ihrem Lebensraum hauptsächlich die Trockenwälder, weniger die Regenwälder, und kommen in Höhen bis ca. 700 m vor. Im direkten Küstenbereich sind die Vögel etwas seltener, sie bevorzugen eher das hügelige Hinterland. Die Amazonen werden in vie-

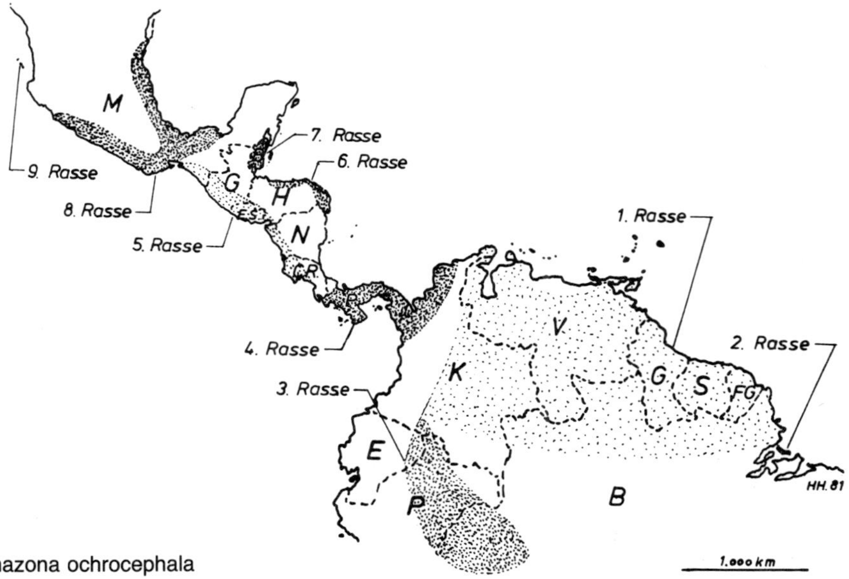

Amazona ochrocephala

len Gebieten ihres Verbreitungsraumes zu Kulturfolgern, d. h., daß sie sich gerne am Rande landwirtschaftlicher Anbaugebiete aufhalten. Der Verfasser konnte die Vögel sogar mitten in den Städten Port of Spain auf Trinidad, Georgetown in Guayana sowie an den Stadtrandzonen von Santiago in Panama und Acapulco in Mexiko sehen. Sie waren immer sehr zahm, man konnte unter die Futterbäume treten, ohne daß sie aufflogen. Oft haben sich die Vögel stundenlang in den selben Bäumen aufgehalten und gefressen. Zwischendurch widmeten sie sich ausgiebig der Gefiederpflege. In der Regel flogen die Amazonen in den späten Nachmittagsstunden in kleinen Gruppen, meistens 2–4 Stück, davon. Während des Fluges schrien sie kräftig. Bei kurzen Flugstrecken fliegen die Papageien nur knapp über

den Baumwipfeln, bei weiteren Flügen steigen sie dagegen höher auf. Die Amazonen werden örtlich in unterschiedlicher Populationsstärke angetroffen. Oft werden Landschaften, nachdem sie monatelang besiedelt wurden, nach dem Ende der nächsten Brutsaison nicht mehr aufgesucht und über den Zeitraum mehrerer Monate (oft Jahre) hinweg gemieden.
Sehr häufig kommen die Vögel in den Guayana-Staaten, NO-Venezuela und im Norden von Kolumbien vor. Die Natterers-Amazone ist in ihrem Lebensraum weitaus seltener anzutreffen.
Die Panama-Amazonen gibt es nicht mehr so zahlreich wie in früheren Jahren. Hier macht sich die Zerstörung der Umwelt langsam bemerkbar. Nur noch selten sieht man die Tiere in der Panama-Kanal-Zone.
Wetmore (1968) berichtet, daß er einen Schwarm von ca. 20 Panama-Amazonen auf der Insel Parida im Archipíélago de las Perlas (kleine Inselkette vor der pazifischen Küste Panamas) dabei beobachten konnte, wie die Vögel morgens bei Sonnenaufgang zum Festland, das einige Kilometer entfernt liegt, hinüberflogen. Wetmore vermutet, daß die Papageien auf dem Festland der Nahrungssuche nachgehen und am Abend, zum Schlafen, auf die Insel zurückkehren.
Die Gelbnacken-Amazonen sind Bewohner savannenartiger Buschlandschaften. Zur Nahrungssuche begeben sie sich an die Ränder der Flußwälder.
Die Gelbkopf-Amazonen werden in Mexiko nur örtlich angetroffen und es scheint so, daß die Vögel an der karibischen Küste weitaus häufiger als an der pazifischen Küste vertreten sind. Auch die Gelbkopf-Amazonen bevorzugen die trockenen Laubwälder und Buschlandschaften, kommen aber auf ihrer Nahrungssuche in Feuchtwälder oder an die Ränder der Regenwälder.
Relativ häufig sind die Tres-Marias Gelbkopf-Amazonen auf allen vier Inseln von Tres Marias anzutreffen. K. E. Stager (1957) konnte auf der Insel Maria Cleofas, der südlichsten Insel von Tres Marias, einen Schwarm von ungefähr 20 Amazonen, die in einer Agavengruppe schliefen, beobachten. Täglich flog der Papageienschwarm in den späten Nachmittagsstunden zu seinem Schlafplatz. Zuerst wurden die Blütenstände der Agaven, die eine Höhe bis zu 8 m erreichen können, angeflogen. Bei Einbruch der Dunkelheit flogen die Vögel auf die Agavenblätter, um hier in ca. 2 m Höhe die Nacht zu verbringen.
Die Brutzeiten beginnen in Nord-Brasilien im Dezember und Januar und verlagern sich in den nördlichen Verbreitungsgebieten in die Folgemonate. So beginnt die Brutzeit der Gelbkopf-Amazone im Westen von Mexiko im Mai. In ihrem nördlichsten Lebensraum, auf den Tres-Marias-Inseln, fangen die Amazonen bereits im Februar mit dem Brüten an. Die Größe der Eier beträgt ca. 41,8 × 30,9 mm. Die Brutzeit beträgt ca. 26 Tage, die Nestlingszeit der Jungen liegt bei ca. 65 Tagen.

Haltung/Zucht: Die Gelbscheitel-, Gelbnacken- und Gelbkopf-Amazonen sind neben der Blaustirn-Amazone *(Amazona aestiva)* die beliebtesten Papageien. Die Vögel sind zum Sprechenlernen sehr talentiert. Der Verfasser sah schon viele gut und deutlich sprechende Amazonen, die jederzeit, was den Umfang und die Deutlichkeit der wiedergegebenen Worte betrifft, mit Graupapageien mithalten konnten. Der Verfasser erlebte, wie eine Gelbnacken-Amazone, die außer dem breiten gelben Nackenband noch mit einem großen gelben Vorderkopffleck gekennzeichnet war, jeden Nachmittag die im Garten spielende Tochter des Hauses rief, so daß die Nachbarn dann sagten, „Petra, du mußt ins Haus, deine Mutter hat gerufen." Es gibt viele solcher Episoden und oft ist man verblüfft, wie sinngemäß und treffend einzelne Worte oder gar Sätze im richtigen Moment von den Amazonen angewendet werden. Die meisten der eingeführten Vögel sind bereits handzahm und sprechen einige spanische Worte.
Bereits mehrfach gelangen in Gefangenschaft Zuchten mit den verschiedenen Rassen der Gelbscheitel-Amazonen. Bereits 1944 sollen von der Gelbkopf-Amazone in den USA Junge groß geworden sein. Dem Houston-Zoo, USA, gelang 1970 die Aufzucht von 3 Jungen. In England wurden 1970, nachdem im Vorjahr die Brut mißlang, zwei Gelbkopf-Amazonen groß. In Deutschland gelang vermutlich die erste Aufzucht 1974; es wurden zwei Junge groß. Von der selteneren Gelbnacken-Amazone ist nur eine schwedische Nachzucht (1974) bekannt. Es soll ein Junges, das im Alter von 88 (?) Tagen den Nistkasten verlassen hat, gezogen worden sein. Die erste Gefangenschaftszucht mit der Panama-Amazone gelang wohl 1945 in den USA. In Dänemark wurden von einem Paar 1963 zwei Junge und 1964 drei Junge groß gezogen. Die Nominatform, die Surinam-Amazone, konnte 1967 zum ersten Mal erfolgreich gezüchtet werden. Das Zuchtpaar zog noch in den folgenden Jahren erfolgreich auf. C. Smith gibt die Brutzeit mit 25 Tagen, die Nestlingszeit mit 74 Tagen an.
In der Schweiz gelang 1977 eine erfolgreiche Nachzucht mit Panama-Amazonen. Zwei im Haus getrennt gehaltene, handzahme, sprechende Vögel vertrugen sich auf Anhieb so gut, daß die Besitzer der Tiere den Entschluß faßten, beide Amazonen in einer großen Zimmervoliere gemeinsam unterzubringen. Ein in der Voliere angebrachter Nistblock aus Birnbaum, mit den Maßen 35 × 30 × 20 cm, wurde bereits eine Woche später vom 1,0 aufgesucht. Nachdem der Hahn im Nistkasten saß, gab er eigenartige Laute von sich, um die Henne hereinzulocken. Eine weitere Woche später konnten die ersten Paarungsversuche beobachtet werden. Danach stieg die Henne ebenfalls in den Brutblock. Tage später verbrachte das 0,1 den ganzen Tag im Kasten und kam erst am Abend heraus. Eine kurze Nistkasteninspektion ergab ein abgelegtes Ei. Im Abstand von zwei Tagen wurden noch zwei weitere Eier gelegt. Das Weibchen brütete fest und kam täglich nur

für kurze Zeit zur Nahrungsaufnahme aus dem Nistkasten. Das Männchen hielt eisern Wache und verteidigte die Voliere mit dem Brutblock. Nach einer Brutzeit von 28 Tagen wurde ein erstes leises Piepsen vernommen. Zwei Tage später schlüpfte das nächste Junge; das dritte Ei war unbefruchtet (evtl. war das zuerst gelegte Ei das nicht befruchtete, so daß die reguläre Brutzeit 26 Tage beträgt). Eine Brutzeit von 25/26 Tagen würde sich mit anderen Angaben decken. Die zwei Kleinen gediehen prächtig, mit 14 Lebenstagen öffneten sie die Augen, in der dritten Woche waren sie flaumig befiedert und kurze Zeit später zeigten sich die ersten grünen Federn. Nach einer Nestlingszeit von 64 Tagen haben die Jungen den Nistkasten verlassen. Dieser geglückte Zuchtablauf zeigt an, daß zahme, sprechende, auf den Menschen geprägte Amazonen ebenfalls zuchtfähig sind und, daß diese Tiere erfolgreich ihren Nachwuchs großziehen.

Venezuela-Amazone **VII D7 20.**
Amazona amazonica (Linnaeus) 1766
engl.: Orange-winged Amazon
2 (3) Rassen

---

1. *Amazona amazonica amazonica* (Linnaeus)

Kennzeichen: Größe ca. 32 cm; grün; Nacken und Oberrücken dunkel gesäumt; Scheitel und Wangen gelb; Scheitel auch blau, nur schmaler gelber Streif über Nase; über dem Auge und Zügel blau; Kehle gelbgrün; Ohrfleck dunkler grün; Flügelrand gelbgrün; Flügelspiegel auf 3 Schwingen ausgedehnt orangerot; die ersten Armschwingen an der Spitze dunkelblau, Unterflügel heller grün; Schwanzfedern grün; die vier äußeren Schwanzfedern an den Innenfahnen mit Rot; Iris orange; nackter Augenring grau; Schnabel dunkel hornfarben; Oberschnabel zur Spitze hin von Grau in Schwarz übergehend; Füße grau. (Bild Seite 125)

Verbreitung: Von NO-Kolumbien über O-Ekuador und O-Peru östlich bis zu den brasilianischen Provinzen Parana und Rio de Janeiro und franz. Guayana, Surinam, Guayana und Venezuela.

2. *Amazona amazonica tobagensis* Cory

Kennzeichen: Wie 1. Rasse, aber etwas größer und orangeroter Flügelspiegel auf 4 Federn ausgedehnt.

Verbreitung: Inseln Trinidad und Tobago

3. *Amazona amazonica micra* (Griscom und Greenway)

Diese sogenannte, in Surinam vorkommende 3. Rasse sollte der Nominatform zugereiht werden.

Amazona amazonica

Lebensweise: Die Venezuela-Amazone, *Amazona amazonica amazonica,* besiedelt ein sehr großes Gebiet. In den Guayana-Staaten scheint sie die am häufigsten vorkommende größere Papageienart zu sein. So konnten in den Abendstunden oft zigtausende Amazonen auf ihren Schlafbäumen in den Mangrovensümpfen beobachtet werden. In den Morgenstunden teilen sich die großen Schwärme auf, und die Tiere gehen dann paarweise oder in sehr kleinen Trupps, evtl. Familienverbänden (?), auf Nahrungssuche.

Anscheinend bevorzugen die Venezuela-Amazonen in Guayana die feuchten, bewaldeten Küstenzonen und Mangrovensumpfgebiete im besonderen Maße. In Venezuela sind die Amazonen ebenfalls recht häufig, konnten auch oft in gleicher Gegend wie die Surinam-Amazone *(Amazona ochrocephala ochrocephala)* beobachtet werden, aber anscheinend bevorzugen auch hier die Venezuela-Amazonen die feuchteren Wälder (dagegen findet man die Surinam-Amazonen mehr in den trockenen Wäldern). Prof. Dr. Sick berichtet, daß in den Wintermonaten die Venezuela-Amazonen gemeinsam mit den Rotscheitel-Amazonen *(A. dufresniana rhodocorytha)* durch die Mangrovensümpfe in den brasilianischen Küstenprovinzen von SO-Bahia bis NO-Rio de Janeiro ziehen. In Ekuador, Peru, Bolivien und im Mato Grosso, Brasilien, wurden diese Amazonen auch in höheren Regionen angetroffen, sind aber dort lange nicht in solch großer Zahl wie in den Küstenregionen vertreten. In Kolumbien bewohnen sie die tropischen Tiefebenen der östlichen Andenhänge. Im nördlichen Kolumbien, in den Swamp-Gebieten des Magdalena-Flusses, kommen die Venezuela-Amazonen wieder häufiger vor. Die mit Mangroven bestandenen Sumpfgebiete sind die von den Amazonen bevorzugten Lebensräume. Forshaw (1971) berichtet, daß er in der Nähe von Georgetown, Guayana, viele tausend Venezuela-Amazonen, die sich zum Schlafen auf einer großen Bambusgruppe inmitten eines verlassenen Farmlandes am Demerara-Fluß niedergelassen hatten, beobachtete. Vom späten Nachmittag bis nach Einbruch der Dunkelheit kamen ständig neue Gruppen, Paare oder Schwärme zu ihren Schlafplätzen geflogen. Beim Vorbeifliegen konnte er darunter auch Müller-Amazonen *(Amazona farinosa)* ausmachen. Papageien, die über den Fluß geflogen kamen, versammelten sich fast immer in einem großen Laubbaum nahe dem Ufer und machten dort Rast, um ihre lustigen Streiche zu spielen. Forshaw sah oftmals kreischende Vögel, die wild mit den Flügeln schlugen, während sie kopfüber nach unten hingen und sich dabei nur mit einem Fuß am Ast festhielten. Es waren so viele Papageien, daß sich die großen Bambusstengel unter dem Gewicht der Vögel bogen. Der Eindruck dieser riesigen Ansammlung wurde noch verstärkt durch das ununterbrochene Kreischen, das sich bis zum ohrenbetäubenden Lärm steigerte.

Die Nahrungsaufnahme erfolgt in den Vormittag- und Nachmittagstunden. Während der heißen Stunden in der Mittagszeit ruhen die Vögel in den hohen

---

Abb. 31: Die Venezuela-Amazone (Amazona amazonica amazonica) ist über große Teile Südamerikas verbreitet. In vielen Gebieten ihres Lebensraumes ist sie die am häufigsten vorkommende Papageienart (s. Seite 122).

Baumwipfeln. Bevorzugt gefressen werden die Früchte, Nüsse, Beeren, Knospen und Samen, die auf hohen Bäumen wachsen. Am Boden oder in Bodennähe halten sich die Vögel nur ungern auf.

Die Brutzeit der Venezuela-Amazonen fällt im nördlichen Bereich ihres Verbreitungsgebietes in die Monate Februar bis Juni, auf Tobago bis in den August. Mc Loughlin berichtet (1970 in „Foreign Birds"), daß er in Guayana in einem abgestorbenen Baum in ca. 16 m Höhe eine 1,6 m tiefliegende Nesthöhle mit 3 Jungtieren fand. 2 Amazonen waren fast flügge, das dritte Junge war weitaus kleiner und sehr spärlich befiedert.

Dem Verfasser war es möglich, das Verbreitungsgebiet der Rasse *Amazona amazonica tobagensis* in Trinidad und Tobago mehrmals zu bereisen. Die westl. Küsten- und Tieflandzonen sind besonders in Trinidad recht dicht besiedelt und werden im verstärkten Maße landwirtschaftlich genutzt. Die Hochlandregion Northern Range im Norden der Insel erreicht mit dem Cerro del Aripo Höhen bis 941 m und ist kaum besiedelt. Ein dichter tropischer Regen- und Bergwald überzieht dieses Gebiet. Das im Mittelteil gelegene Central Range und im Süden das Southern Range sind ein welliges Hügelland bis 300 m Höhe, landwirtschaftlich gering genutzt und daher noch mit recht dichten Waldzonen bedeckt. Das Vorkommen der Venezuela-Amazonen erstreckt sich in Trinidad auf die erwähnten Landstriche, sowie auf die mit Mangroven bewachsenen Sumpfgebiete (Swamps) in den Küstenzonen. Auf Tobago besiedeln die Amazonen den östlichen Inselteil um den aufragenden Gebirgszug Main Ridge, der ebenfalls mit dichtem Regen- und Bergwald überzogen ist. Außerhalb der Brutzeit bilden diese Amazonen Schwärme bis zu 100 Vögeln, wobei sie sich auf Trinidad mit der Gelbscheitel-Amazone *(A. ochrocephala ochrocephala)* vereinigen. Die Brutzeit fällt in die sogenannte Trockenperiode von Februar (vereinzelt bereits ab Januar) bis Juni, auf Tobago manchmal bis August. Die Bruthöhlen befinden sich meistens in ab-

---

Abb. 32, 33 und 34: Müller-Amazonen (Amazona farinosa) bilden in ihrem ausgedehnten Lebensraum 5 Rassen. Abb. 33 *(oben rechts)* und Abb. 34 *(unten)* zeigen die Guatemala-Amazone (A. f. guatemalae) aus Mittelamerika mit der ausgedehnten blauen Kopfpartie (s. Seite 134). Abb. 32 *(oben links)* zeigt die Rasse A. f. inornata, deren Verbreitungsgebiet sich auf Zonen der westlichen und östlichen Andenseite im nordwestlichen Südamerika erstreckt (s. Seite 133).

gestorbenen Palmen ab ca. 6 m Höhe. Wahrscheinlich werden im gleichen Maße Nisthöhlen in lebenden Bäumen und Palmen errichtet. Durch die dichte Belaubung sind diese Brutplätze weniger gut zu erkennen und werden daher in der Literatur nicht so häufig angeführt. Es werden bis zu fünf weiße Eier (Größe ca. 42,3 × 29,7 mm) gelegt. Richard ffrench sowie auch Nottebohm und Nottebohm geben eine Brutzeit von 3 Wochen und eine Nestlingszeit von 2 Monaten an. Hier muß mit Sicherheit eine Verwechslung vorliegen. Bei in Gefangenschaft gehaltenen Venezuela-Amazonen betrug die Brutdauer 25/26 Tage und die Nestlingszeit der Jungen ca. 3 Monate.

Auf Trinidad konnte der Verfasser ca. 15 Amazonen bei Vogelhändlern und Liebhabern begutachten und stellte bei zehn näher untersuchten Vögeln fest, daß bei sieben Papageien der rote Flügelspiegel nur auf 3 Federn, wie bei der Nominatform, ausgedehnt war. Bei den 3 restlichen Venezuela-Amazonen war der Flügelspiegel auf 4 Federn ausgedehnt. Evtl. sind beide Rassen auf Trinidad vertreten. Dies wäre in keinem Fall verwunderlich, da der südamerikanische Festlandsblock vom nordwestlichen Teil Trinidads nur ca. 8 km entfernt ist und jederzeit von den Vögeln überflogen werden kann.

Ein auf Trinidad ansäßiger Vogelhändler berichtete dem Verfasser, daß er sich für ein Exportgeschäft ca. 100 Venezuela-Amazonen in Guayana beschaffte. Nachdem die Ausfuhr nicht zustande kam – der amerikanische Auftraggeber hatte seine Bestellung annuliert – entließ er ca. 80% der „Guayana“-Vögel in Freiheit. Diese freigelassenen Amazonen konnten sich mit Sicherheit gut in Trinidad einbürgern. Der Vorgang soll sich 1970 oder 1971 ereignet haben. Wie weit bei Rassenkreuzungen zwischen der Nominat- und Tobagensis-Form der Rassenunterschied (Flügelspiegel) erhalten bleibt, ist dem Verfasser nicht bekannt.

Im Botanischen Garten am Nordrand der Hauptstadt Port of Spain konnte der Verfasser regelmäßig in den Nachmittagsstunden den Einflug der Schwärme, vermutlich Familienverbände, beobachten. Die Amazonen flogen die reichlich mit Früchten behangenen Palmen an und fraßen sich an den Fruchtständen satt. Nach der Landung sowie bei der Futteraufnahme waren sie sehr schwer aufzuspüren, da sie sich dabei vollkommen ruhig verhielten. Während des Fluges lärmen sie in unglaublicher Lautstärke und sind auch auf große Entfernungen hin problemlos zu orten.

Auf Tobago (letzter Besuch 1979) sind sie nicht so häufig vertreten; hier konnten nur ein Paar und ein kleiner Familienverband von 6 Vögeln gesichtet werden. In früheren Jahren konnte der Verfasser weitaus mehr Tiere beobachten.

In ihrem Bestand sind die Venezuela-Amazonen sicher noch nicht gefährdet, aber durch die ständige Besiedlung und Urbarmachung großer südamerikanischer Landstriche werden auch sie mehr und mehr verdrängt.

Haltung/Zucht: Die Venezuela-Amazone ist neben der Gelbscheitel- und Blaustirn-Amazone die am häufigsten gehaltene Amazonenart. In jedem Tierpark wird sie meist in mehreren Exemplaren gezeigt. Vom Zoohandel wird sie ständig angeboten. Obwohl die Venezuela-Amazone in großer Zahl in Europa vertreten ist, sind erfolgreiche Nachzuchten sehr selten.
Der Verfasser konnte 1976 ein garantiertes Paar Venezuela-Amazonen von einem Liebhaber in Trinidad erwerben. Die Tiere wurden mehrere Jahre zuvor in Chaquaramas, dem äußersten NW von Trinidad, gefangen. Obwohl die Vögel von Trinidad stammten und somit der Rasse *Amazona amazonica tobagensis* angehörten, war der rote Flügelspiegel nur auf 3 Federn ausgedehnt. (s. Lebensweise). Die Amazonen wurden in einer ca. 8 cbm großen Zimmervoliere untergebracht. Im Frühjahr des Jahres 1978 befand sich der Verfasser auf einer langandauernden Studienreise. Der Vogelbestand, darunter auch die Venezuela-Amazonen, wurden in dieser Zeit liebevoll von einer Nachbarsfrau versorgt. Nach Rückkehr des Verfassers berichtet sie, daß nur noch eine Venezuela-Amazone zu sehen sei, die zweite würde sich ständig im Baumstamm aufhalten. Eine ungeschickterweise sofort vorgenommene Nistkastenkontrolle ergab ein abgestorbenes ovales Ei in der Größe 38,2 × 28,9 mm und ein ca. 7 Wochen altes Jungtier. Nachdem das Amazonenpaar viele Wochen ohne die geringsten Störungen gehalten wurde, brachte sie die Brutblockinspektion so aus dem Gleichgewicht, daß sie von da ab dem Jungtier keine Beachtung mehr schenkten. Ein deutliches Beispiel, wie empfindsam auf Veränderung während der Brutzeit reagiert wird. Die junge Amazone wurde daraufhin aus dem Nest genommen und per Handfütterung großgezogen. Bei Beginn der Handaufzucht war die junge Amazone recht gut befiedert. Die Schwanzfedern waren ca. 1 cm lang, die Flügelfedern waren bereits gut entwikkelt und an den Kopffedern brachen die ersten Federkiele auf; der Schnabel war dunkelgrau mit hornfarbenen Flecken durchsetzt; die Augen waren sehr groß und hervorstehend mit nahezu schwarzer Iris. Die dunklen, schwarzen Füße waren beinahe so groß wie die der alten Zuchtvögel. Die kleine Venezuela-Amazone wurde in ein mit reichlich Papiervlies versehenes Bastkörbchen gesetzt. Am Anfang wurde ca. 5 × täglich gefüttert, wobei bis zum Alter von ca. 4 Monaten dieser Turnus auf 2 Tagesfütterungen reduziert wurde. Es wurden die verschiedensten Säuglings- und Kindernahrungsmittel des Fabrikats Alete verwendet. Der bereits vorgefertigte Brei wurde auf Körpertemperatur erwärmt und zusätzlich unterschiedlichst mit Haferflocken, Cornflakes, Weizenkleie, Banane, Weißbrot, zerdrücktem Eigelb, alle Arten Früchte und etwas Futterkalk, in Pulverform, verdickt. Nachdem das Junge sofort sperrte, konnte die Fütterung problemlos erfolgen. Sobald die junge Amazone den kleinen Finger, der vorher in den zähflüssigen Futterbrei eingetaucht worden war, sah, riß sie den Schnabel auf und machte be-

reits beim ersten Finger-/Schnabelkontakt Stopfbewegungen. Unglaubliche Mengen konnte sie bei jeder Fütterung vertilgen. Der Kropf trat nach jeder Fütterung extrem hervor. Bereits am zweiten Tag nach der Trennung von dem Elternpaar saß die kleine Amazone auf dem Rand des Bastkörbchens und wiederum zwei Tage später unternahm sie die ersten Gehversuche. Die ersten Flugversuche wurden nach ca. 80–85 Lebenstagen unternommen. Zu diesem Zeitpunkt erhob sie auch zum ersten Mal die Stimme, wobei mit Bestürzung festgestellt werden mußte, daß der Jungvogel noch lauter als die Alten schreien konnte. Durch jedes Geräusch ließ er sich sofort zum Schreien animieren.

1978 gelang bei einem deutschen Vogelliebhaber (Mitterhuber 1979) die Aufzucht von Venezuela-Amazonen. Anfang Mai fingen die Vögel an, sich zu füttern. Bereits am 1. Juni lag ein Ei im Nistkasten. Ein 50 l Weinfaß, in ca. 2,50 m Höhe angebracht, diente den Vögeln als Bruthöhle, in die noch zwei weitere Eier gelegt wurden. Eine Kontrolle ergab 3 befruchtete Eier. Am 28. 6. konnte ein erstes leises Piepsen aus dem Brutkasten vernommen werden. Bei der erst 10 Tage später möglichen Überprüfung konnten zwei Junge festgestellt werden. Das dritte Ei war befruchtet, aber abgestorben. Die Augen der Jungen waren ganz wenig geöffnet. Die Befiederung war noch recht spärlich, nur wenige weißgraue Daunen. Die Augen öffneten sich vollständig nach 3 Lebenswochen. In der 6. Lebenswoche brachen die Flügelfedern durch. Nach 8 Wochen waren die ersten gelblichen Federn auf dem Kopf erkennbar, ebenso waren die Spitzen der Flügelfedern deutlich gelb. Nach ca. 10 Wochen waren die beiden Amazonen fast vollständig befiedert und zeigten anscheinend schon geschlechtlich erkennbare Gefiederunterschiede, ähnlich dem Elternpaar. Bei dem Zuchtpaar zeigte das Männchen einen kräftigeren Kopf und Schnabel und eine stärkere blaue Federzeichnung. Beim Zuchtweibchen war das Gelb, speziell im Bereich der Wangen, ausgedehnter.

Wie lange die Nestlingszeit dauerte und mit welchem Alter die vollständige Selbständigkeit der Jungtiere erreicht war, konnte der Verfasser nicht in Erfahrung bringen.

Die Erstzucht der Venezuela-Amazone, damals noch *Psittacus amazonicus,* gelang anscheinend 1801 in Rom. In Tampa/USA wurden 1970 drei Junge von Hand großgezogen.

In freier Wildbahn wurden bereits mehrere gelbe Venezuela-Amazonen gesichtet. Im Zoo von Taignton/England war 1960 eine gelbe Mutationsform dieser Amazonenart zu sehen.

Soldaten-Amazone **VII D7 21.**

Amazona mercenaria (Tschudi) 1844
engl.: Scaly-naped Amazon
2 Rassen

---

1. *Amazona mercenaria mercenaria* (Tschudi)
engl.: Scaly-naped Amazon, Mercenary Amazon, Tschudi's Amazon

Kennzeichen: Größe ca. 34 cm; grün; Vorderkopf und Vorderseite heller grün; Oberkopf, Nacken, Wangen graugrün, dunkel gesäumt; oberer Vorderrücken und Seiten der Wangen dunkelgrün, dunkel gesäumt; Flügelrand gelb bis orange; Hand- und Armschwingen grün, zur Spitze hin blau; roter Flügelspiegel auf den drei äußeren Armschwingen; Flügelunterseite grün; Schwanzfedern grün, an der Spitze gelbgrün; äußere Schwanzfedern an der Wurzel grün, danach dunkelroter Fleck, zur Spitze hin gelbgrün; Iris orange; nackter Augenring gräulichweiß; Schnabel gräulich, an der Basis hornfarben; Füße gräulich braun.
Jungtiere: vermutlich braune Iris.

Verbreitung: Entlang der östlichen Andenhänge von NW-Bolivien bis N-Peru.

2. *Amazona mercenaria canipalliata* (Cabanis)
engl.: Grey-naped Amazon, Colombian-Amazon.

Kennzeichen: Wie 1. Rasse, aber Flügelspiegel auf den drei äußeren Armschwingen rotbraun.

Verbreitung: O-Ekuador, an den Osthängen der Westkordillere und an den Westhängen der Ostkordillere, Kolumbien von Süd nach Nord entlang der Osthänge der Zentralkordillere und der Westhänge der Ostkordillere, NW-Venezuela, an den südlichen Westhängen der Cordillera de Merida.

Lebensweise: Die Soldaten-Amazonen sind Vögel der gemäßigten Klimazonen und besiedeln in ihrem äußerst unzugänglichen Lebensraum Höhen bis 3500 m. Nach den sehr wenigen Freilandbeobachtungen, die bisher angestellt wurden, muß man vermuten, daß die Amazonen nur in geringer Anzahl in ihrem Verbreitungsraum vertreten sind. Bemerkenswert ist, daß die Vögel zum Schlafen die höheren Bergregionen, in denen die Nächte merklich kühl sind, aufsuchen. Morgens fliegen die Soldaten-Amazonen zur Nahrungssuche wieder zurück in die bewaldeten Täler. Ramirez, ein großer Naturfreund, teilte 1977 dem Verfasser mit, daß Anwohner von den Westhängen des Pico Bolivar (5007 m) in der Nähe von Merida, NW-Venezuela, in einer Höhe von ca. 2800 m einen Schwarm von etwa 60 Soldaten-Amazonen in den Waldregionen beobachteten. Darauf suchte Ramirez in der beschriebenen Gegend tagelang nach diesen seltenen Vögeln, konnte aber keinen mehr aufspüren. Vermutlich waren die Amazonen auf dem Durchzug und hielten sich nur kurze Zeit an den bewaldeten Berghängen auf. Obwohl Ramirez sich jahrelang in der Cordillera de Merida aufhielt, war es ihm nie vergönnt, Soldaten-Amazonen in freier Natur zu beobachten. Vermutlich sind die Tiere im Nordwesten von Venezuela in äußerst geringer Zahl nur örtlich vertreten, so daß sie in vielen Landstrichen nur manchmal oder garnicht vorkommen. An den Westhängen der Ostkordillere in Kolumbien, in Cundinamarca, wurden sie trotz intensiver Suche nicht mehr aufgefunden. Im Norden Kolumbiens, sowie in Ekuador, O-Peru und NW-Bolivien sind die Vögel ebenfalls selten, aber doch häufiger wie im nördlichsten Verbreitungsraum anzutreffen.

Amazona mercenaria

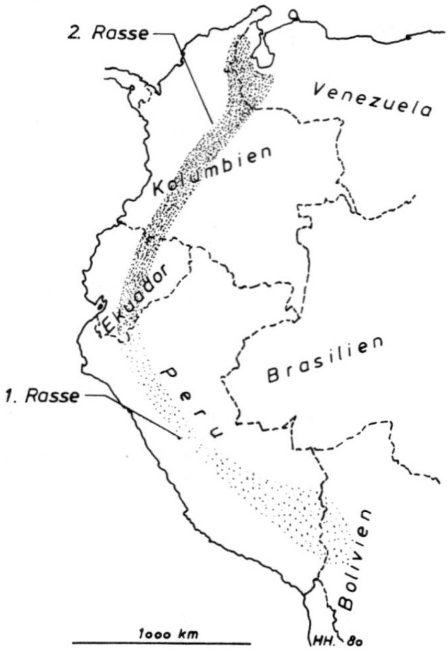

Haltung/Zucht: Die Soldaten-Amazone, die wie eine kleine Ausgabe der Müller-Amazone *(Amazona farinosa)* wirkt, ist wohl nicht im Besitz europäischer Vogelliebhaber (?). Der Verfasser konnte nur in Erfahrung bringen, daß im Zoo von London und im Vogelpark Walsrode jeweils ein Vogel dieser seltenen Exemplare gehalten wurde.

Müller-Amazone III D7 22.
Amazona farinosa (Boddaert) 1783
engl.: Mealy Amazon
5 Rassen

---

1. *Amazona farinosa farinosa* (Boddaert)

Kennzeichen: Größe ca. 39 cm; grün; Unterseite heller grün; Nackenfedern dunkel gesäumt; auf Scheitel und Vorderkopf oft gelbe Federn, Flecke bildend, manchmal mit rot durchsetzt; Hinterkopffedern in violett und blaugrün übergehend; Rücken gräulich grün, wirkt gemehlt; Flügelspiegel rot; Flügelrand rot; Hand- und Armschwingen zur Spitze hin blau; Schwanzfedern mit breiter gelbgrüner Spitze; äußere Schwanzfedern bläulich gerandet; Iris rotbraun; nackter Augenring weiß; Schnabel gelblich hornfarben; Oberschnabel an Spitze gräulich; Füße dunkelgrau.
Jungvögel: Iris dunkelbraun; keine oder sehr wenig gelbe und rote Federn auf Scheitel und Vorderkopf.

Verbreitung: Franz. Guayana; Surinam; Guayana; Provinz Bolivar und Amazonas in Venezuela; östliches Vaupés in Kolumbien. Südl. bis NW-Bolivien und östlich bis Sao Paulo in Brasilien.

2. *Amazona farinosa inornata* (Salvadori)

Kennzeichen: Wie erste Rasse, aber nur vereinzelt gelbe Federn auf Scheitel und Vorderkopf. (Bild Seite 126)

Verbreitung: Vom nordwestlichen Panama bis äußerst NW-Venezuela und entlang der westlichen Andenseite bis NW Ekuador; östl. Andenseite bis zur kolumbianischen Provinz Meta und zur venezolanischen Provinz Amazonas.

3. *Amazona farinosa chapmani* Traylor

Kennzeichen: Wie A. *f. inornata,* aber größer.

Verbreitung: Von der kolumbianischen Provinz Vaupés südwärts über O-Ekuador und östliches Peru bis NW-Bolivien.

4. *Amazona farinosa virenticeps* (Salvadori)

Kennzeichen: Wie Nominatform, grün, aber insgesamt etwas heller; Flügelrand gelbgrün; Zügel und Stirn bläulich grün; Vorderkopf grün, etwas kleiner.

Verbreitung: Vom westlichen Panama bis Costa-Rica und Nicaragua.

5. *Amazona farinosa guatemalae* (Sclater)
Guatemala-Amazone

Kennzeichen: Wie 4. Rasse, aber Blau an der Kopfregion noch ausgedehnter und etwas größer im Körperbau. (Bild Seite 126)

Verbreitung: Von Honduras entlang der karibischen Küste bis S-Veracruz in Mexiko.

Amazona farinosa

Lebensweise: Das Verbreitungsgebiet der fünf Rassen der Müller-Amazone erstreckt sich von der Golfküste im südlichen Veracruz in Mexiko bis zur Atlantikküste in Espirito Santo in Brasilien. Auf der Nordseite des Oronico in N-Vene-

zuela und in den brasilianischen Provinzen Grande do Norte und im östlichen Teil von Pernambuco scheinen sie nicht vorzukommen.
Der von den Müller-Amazonen besiedelte Lebensraum hat die größte Ausdehnung aller Verbreitungsgebiete sämtlicher Amazonenarten. Der beliebteste Aufenthaltsort der Amazonen ist die tropische Waldrandzone. Die geschlossenen, undurchdringlichen Urwälder scheinen sie zu meiden.
In Honduras kommt die Müller-Amazone *(A. f. guatemalae)* bis in Höhen von 1200 m vor und bewohnt die Gebirgsregenwälder. In den Regenwäldern der Küstenregionen wird sie weitaus seltener angetroffen. In Guatemala ist diese Amazone häufig in den karibischen Flachland-Urwäldern sowie im Petén-Gebiet in Nord-Guatemala verbreitet. Im Petén-Gebiet fand am 15. April 1966 Mays im Spalt einer Steinwand des Tempels IV (eine der Maya-Ruinen in Tikal) das Nest eines Müller-Amazonenpaars. Drei frisch geschlüpfte Junge befanden sich im Mauerspalt.
Hugh C. Land (1970) führt an, daß der Schrei der Müller-Amazone über eine Entfernung von einer Meile und mehr zu hören ist.
In Belize und auf der Yucatàn-Halbinsel bewohnen die Amazonen Regenwälder bis zu einer Höhe von ca. 600 m. In Süd-Veracruz kommen die Vögel nur sporadisch vor und scheinen dieses Gebiet nur zur Nahrungssuche aufzusuchen. Brutplätze konnten in Veracruz nicht ausfindig gemacht werden.
Die vierte Rasse, *Amazona farinosa virenticeps,* besiedelt ähnliche Landschaftsformen wie die zuvor beschriebene fünfte Rasse. Die zweite und vierte Rasse der Müller-Amazone sieht man öfters in Gesellschaft mit der Gelbwangen-Amazone *(Amazona autumnalis salvini*/Salvin-Amazone). Durch den Größenunterschied können die im Schwarm mitfliegenden Müller-Amazonen sofort erkannt werden.
In Panama sind die Vögel, bis auf die im Westen gelegenen Gebirgszüge um den 3477 m hohen Vulkankegel Chiriqui und das Serrania de Tabasará-Gebiet, über das ganze Land verbreitet und kommen auch auf der ca. 40 km vom Festland entfernt liegenden Insel Coiba vor. Eine „Inselrasse" wie man es von der Gelbkopf-Amazone *(Amazona ochrocephala tresmariae)* oder der Venezuela-Amazone *(Amazona amazonica tobagensis)* kennt, wird allerdings nicht gebildet.
Nach Süden hin zieht sich das Verbreitungsgebiet der zweiten Rasse auf dem südamerikanischen Festland entlang der Pazifikküste und den Westhängen der Anden bis nach NW-Ekuador fort. Auf der Andenostseite erstreckt sich der Lebensraum bis zur kolumbianischen Provinz Meta und in östlicher Richtung bis zur Provinz Amazonas in SW-Venezuela. Die in dem angeführten Verbreitungsraum von den Amazonen bewohnten Lebensräume sind ihrer Landschaftsform und -art nach identisch mit den mittelamerikanischen Gebieten. Gleiche Landschaftsformen besiedeln auch die erste und dritte Rasse der Müller-Amazone. Selten wer-

den die Vögel in Höhen über 350 m angetroffen. Große Schwärme, wie z.B. die Venezuela-Amazonen *(Amazona amazonica),* scheinen die Müller-Amazonen nicht zu bilden. Meistens vereinigen sie sich außerhalb der Brutzeit mit anderen, in ihrem jeweiligen Verbreitungsraum vorkommenden Amazonen und Araraarten, sogar mit Rotsteiß-Papageien *(Pionus).* In Guatemala konnte der Verfasser sie zusammen mit Greisenkopf-Papageien *(Pionus senilis senilis)* sehen.

Der Tagesablauf der Müller-Amazonen spielt sich im selben Rhythmus wie bei den verwandten Arten ab. Nach Sonnenaufgang – in den südlichen Breiten wird es nach einer sehr kurzen Dämmerungszeit sehr schnell hell, abends fällt sofort nach Sonnenuntergang die Nacht herein – halten sie sich in der Nähe ihrer Schlafbäume auf. Ca. eine Stunde später fliegen sie in kleinen Gruppen zur gemeinsamen Nahrungssuche ab. Wenn geeignete Nahrungsbäume gefunden sind, verweilen sie bis zum Nachmittag in den dichten Kronen und verhalten sich dabei, von kleinen lautstark geführten Streitereien abgesehen, sehr ruhig. Am späten Nachmittag erfolgt der Rückflug, natürlich unter großem Geschrei, zu den Schlafplätzen.

Die Brutzeiten beginnen im Süden des Verbreitungsgebietes ca. im Dezember, zunehmend später in den nördlichen Lebensräumen (bis Anfang April in Mexiko). In der Regel werden 3 Eier gelegt und bebrütet. Nach Angaben von Schönwetter (1964) sind die elliptischen Eier ca. 37,7 × 29,0 mm groß. Über die Brutdauer und Nestlingszeit liegen keine Angaben vor. Die Brutzeit dürfte wie bei anderen Amazonenarten ca. 25/26 Tage betragen. Die Nestlingszeit der Jungen dauert bestimmt 3 Monate an.

Haltung/Zucht: Bereits Karl Neunzig (1920) berichtet, daß die Müller-Amazone sich leicht zähmen und abrichten ließe und gut sprechen lernen könnte. Diese Amazone wäre aber auch als zahmer Vogel ein entsetzlicher Schreier. Der Verfasser konnte schon etliche Müller-Amazonen *(A. f. farinosa* und *A. f. guatemalae)* pflegen und machte dabei die Feststellung, daß die Tiere immer ruhig waren. Selbst die in den Nachbarvolieren untergebrachten Artgenossen, die in den Morgen- und Abendstunden ihr Geschrei erhoben, konnten die Müller-Amazonen nicht zum Mitschreien stimmulieren. Es schien, bis auf wenige Knurrtöne, die sie von sich gaben, als ob sie stumm wären. Erst ein handzahmer Pflegegast, der für ca. 3 Wochen seine „Ferienzeit“ in der Volierenanlage verbrachte, zeigte, zu welch lautem Geschrei die Vögel befähigt sind. Allerdings hat die in Pflege genommene Müller-Amazone nur zweimal jeweils ca. 5 Minuten lang geschrien. In der Lautstärke kann sie gut mit den großen Kakadus mithalten.

Die Müller-Amazonen werden selten angeboten. Durch ihr ruhiges Wesen und das bedächtige Verhalten sind sie sehr empfehlenswerte Käfig- und Volierenvö-

gel. Ohne Bedenken kann man die Papageien mit anderen Papageienvögeln, auch kleinere Arten, zusammen halten. Es scheint, daß die Müller-Amazonen jedem Streit aus dem Wege gehen. Bei Erregung stellen sie fächerartig die Nackenfedern und geben dabei Brummlaute von sich.
Die vom Verfasser gehaltenen Müller-Amazonen fraßen in unglaublichen Mengen halbreifen Mais. Jeder Vogel vertilgte pro Tag bis zu drei Kolben. Sehr gerne nahmen sie auch Bucheckern, Zirbelnüsse, Haselnüsse und Obst in allen Arten. Bei Steinfrüchten, wie Kirschen und Pflaumen, galt ihr Hauptinteresse dem Kern, das Fruchtfleisch wurde meistens zerrissen, um so schnell wie möglich an den Kern zu kommen.
Über Balz- und Zuchtverhalten konnte der Verfasser keine Angaben erhalten.

Taubenhals-Amazone **VII D7 23.**
Amazona vinacea (Kuhl) 1820
engl.: Vinaceous Amazon
1 Rasse

Kennzeichen: Größe ca. 32 cm; grün; Hinterkopf- und Rückenfedern dunkel gesäumt; Zügel und schmales Stirnband dunkelrot; Nacken und Kinn türkis grünlich; Kehle und Brust weinrotlila; Bauchfedern grün, zur Wurzel hin weinrotlila; Flügelrand orange; Handschwingen grün, zur Spitze hin auf Außenfahne blau; roter Flügelspiegel auf den drei äußeren Armschwingen; Schwanzfedern grün mit gelbgrüner Spitze; äußere Schwanzfedern an der Wurzel rot; Iris rotbraun; nackter Augenring grau; Schnabel rötlich; Oberschnabel auf First und Spitze hornfarben; Füße grau. (Bild Seite 143)
0.1: Brust- und Bauchgefieder matter gefärbt.
Jungtiere: Wenig rote Federn auf Stirn und Zügel; nur oberes Brustteil weinrotlila gefärbt; Schnabel hornfarbig, an der Basis rot.

Verbreitung: SO-Brasilien von S-Bahia südlich bis Rio Grande do Sul, NO-Argentinien in Misiones, SO-Paraguay.

Lebensweise: Taubenhals-Amazonen leben außerhalb der Brutzeit in kleinen Gruppen mit Artgenossen zusammen. Gerne fliegen sie gemeinsam mit verwandten Arten, wie der Pracht-Amazone *(Amazona pretrei pretrei)* und der Rotschwanz-Amazone *(Amazona brasiliensis)*. Ebenso konnten freilebende Taubenhals-Amazonen mit Maximilians-Papageien *(Pionus maximiliani maximiliani* und *A.m.siy)* gesehen werden. Die Amazonen sind in den Araukarienwäldern (subtropische Klimazone) heimisch, wo sie sich von den Samen in der Reifezeit ernähren. Noch vor wenigen Jahren kamen die Vögel in ihrem Lebensraum relativ häufig vor, aber der starke Holzschlag sowie die Ausdehnung landwirtschaftlicher Nutzungsflächen führte zu einem abrupten Rückgang der Art. Ein Brasilianer aus Porto Alegre teilte dem Verfasser mit, daß er noch vor wenigen Jahren im Küstenbergland, bei seinen ausgedehnten Wandertouren, regelmäßig Taubenhals-Amazonen zu sehen bekam. Weiter berichtet der Brasilianer, daß er in diesem Gebiet seit 1977 keine Taubenhals-Amazonen mehr zu Gesicht bekam. Zwischenzeitlich wurde diese Amazone in die Artenschutzliste des Washingtoner Artenschutzabkommens aufgenommen.

Amazona vinacea

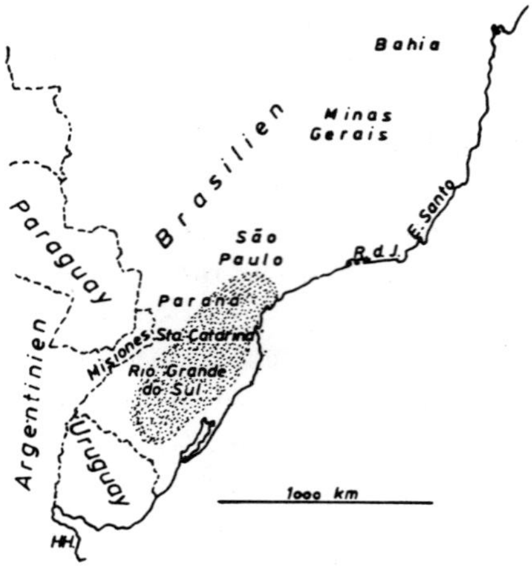

Haltung/Zucht: Wie bereits im Abschnitt „Lebensweise“ erwähnt, dürfen Taubenhals-Amazonen nicht mehr gehandelt werden und werden aus diesem Grund nur noch ganz selten von privaten Liebhabern angeboten.

Der Verfasser konnte vor mehreren Jahren eine Taubenhals-Amazone über einen längeren Zeitraum pflegen. Innerhalb weniger Tage wurde die Amazone, obwohl sie bereits mindestens 5 Jahre alt war (erkennbar an den etwas schuppigen Zehen), handzahm und nahm die mit der Hand gereichten Leckerbissen sofort an. Fühlte sich die Amazone durch andere, in der selben Voliere gehaltene Amazonenarten bedroht, so sträubte sie die Nackenfedern und gab Knurrlaute von sich. Ansonsten verhielt sie sich sehr ruhig und reserviert. Andere Tauben-

hals-Amazonen zeigten sich sehr lebhaft. Eine bei einem österreichischen Liebhaber gehaltene Taubenhals-Amazone, die mit anderen Amazonen in einer ca. 30 qm großen Freivoliere untergebracht war, zeigte sich als wahrer Herrscher des Reviers. Selbst Gelbkopf-Amazonen und Müller-Amazonen *(A. ochrocephala oratrix* und *A. farinosa),* die doch merklich größer sind, räumten ihren Platz, wenn die Taubenhals-Amazone darauf Anspruch erhob.
Öfters gelangen Nachzuchten. 1971 sollen in England zwei Junge gezogen worden sein (Low 1973). Bei einem Schweizer Liebhaber (Poschung 1978) gelang 1978 eine erfolgreiche Nachzucht. Einer bereits 1975 erworbenen Taubenhals-Amazone konnte 1977 ein Partnertier zugestellt werden. Nachdem die Vögel sich auf Anhieb verstanden und farblich ein gewisser Unterschied bestand, war anzunehmen, daß es sich dabei um ein Paar handelte. Im Frühjahr 1978 konnte beobachtet werden, wie sich die Tiere fütterten. Am 20. Mai führte eine Nistkastenkontrolle zu einer freudigen Überraschung, denn es wurden 3 Eier (Größe ca. 38,1 × 28,7 mm) entdeckt. Nachdem das Weibchen fest brütete, wurden nur wöchentliche Nistkasteninspektionen durchgeführt. Am 21. Juni lag ein ca. 6 cm großes Junges im Brutblock. Das zweite Jungtier schlüpfte drei Tage später. Leider ging das zuerst geschlüpfte Junge am 21. Juli ein. Zu allem Leidwesen verendete am 27. Juli auch noch das Weibchen und alle Hoffnung auf eine erfolgreiche Aufzucht des verbliebenen Jungtiers schwanden auf den Nullpunkt. Nachdem das Männchen die kleine Amazone weiter fütterte, keimte ein gewisser Hoffnungsschimmer, daß das Junge doch noch großgezogen werden könnte. Zusätzlich wurde mit einem Brei nachgefüttert. Ab diesem Zeitpunkt gedieh das Junge prächtig, zeigte sich am 15. August mit einer Größe von ca. 21 cm am Einschlupfloch und am 25. August außerhalb des Nistkastens. Trotz größter Schwierigkeiten während der Nestlingszeit konnte also doch noch ein Erfolg erzielt werden. Um den Fortbestand der schönen Taubenhals-Amazonen in der Hand von Liebhabern zukünftig zu gewährleisten, wäre es sehr begrüßenswert, wenn sich die Halter dieser Tiere zusammenfänden und Zuchtgemeinschaften bildeten. Nur so wird es möglich sein, daß diese Amazone nicht vollständig aus europäischen Anlagen verschwindet.

Königs-Amazone **VII D7 24.**

Amazona guildingii (Vigors) 1836
engl.: St. Vincent Amazon, Guilding's Amazon
1 Rasse

Kennzeichen: Größe ca. 40 cm; grün-oliv-bräunlich schimmernd; Federn dunkel gesäumt; Oberkopf, Stirn, Zügel und Augengegend weißlich gelb; Wangen, Hinterkopf, Kehle gelb, zum Körper hin in Orange übergehend; hinterm Auge blauer Fleck; Brust und Bauch bronzefarben; Flügelbug grünoliv; Flügelrand orange; äußere Handschwingen grün, zur Spitze hin in Violett übergehend; innere Handschwingen grün; äußere Armschwingen violettblau; innere Armschwingen grün, zur Spitze hin violettblau; Hand- und Armschwingen an der Wurzel orange und violettblau; große Flügeldecken orangebraun, an der Wurzel grün; mittlere und kleine Flügeldecken bronzefarben, grünlich und bläulich gesäumt; Flügelunterseite gelb; Schwanzfedern an der Wurzel orange, anschließend breites Band in Violettblau, an der Spitze hell orangegelb; Iris orange; nackter Augenring grau; Schnabel hellgelblich; Füße grau. (Bild Seite 144)
Jungtiere: Brust, Bauch, Steiß und Unterschwanzdecken ollivgrün; Flügelunterseite grün; Iris braun.

Verbreitung: Saint Vincent W. I.

Amazona guildingii

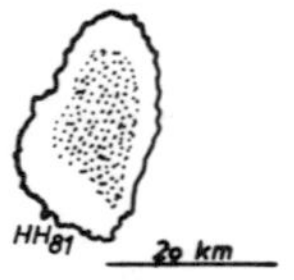

Saint Vincent/ W.I.

Anmerkung: N. A. Vigors hat zu Ehren des Naturalisten und Malers Lansdown Guilding (1797–1831), geboren in Kingstown, St. Vincent, die Königs-Amazone nach dessen Namen benannt: *Psittacus Guildingii* 1836 (1837).

Lebensweise: Saint Vincent, eine Vulkaninsel der Kleinen Antillen, ist das Heimatland der stattlichen Königs-Amazone. Die 345 qkm große Insel, vermutlich von Kolumbus entdeckt, aber erst im 18. Jahrhundert besiedelt, wird von ca. 100000 Menschen bewohnt. Die Produktion von Marantastärke (Arrowroot) gibt der Insel eine Monopolstellung auf dem Weltmarkt. Die Landwirtschaft prägt das Bild der Insel. Immer mehr Waldstücke müssen neuen Anbaugebieten weichen. Der von Nord nach Süd verlaufende Bergzug mit dem Richmond Peak

(1074 m) und dem Soufrière (1234 m) scheint noch recht unberührt. Das feucht-tropische Klima mit einer mittleren Temperatur von 28°C, fördert den Pflanzenwuchs. Der Nordostpassat bringt von Juni bis Dezember Niederschläge von ca. 1200 mm im Küstenbereich und bis zu 3800 mm im Bergland. Niederschlagsfrei sind die Monate Januar bis Mai.

Die Königs-Amazonen leben in den tropischen Bergwäldern. Speziell im nördlichen Teil der Insel, an den Hängen und Tälern des Soufrière's, werden sie noch in größerer Zahl angetroffen. Die gesellig lebenden Vögel führen, wie alle anderen Arten ihrer Gattungsgruppe, ein geregeltes Leben. Außerhalb der Brutzeit tun sich Gruppen von 20–30 Papageien zusammen, um gemeinsam auf Nahrungssuche zu gehen. Die einmal angeflogenen Futterbäume werden nur ungern wieder verlassen. Droht Gefahr, so fliegt der kleine Papageienschwarm ab, kehrt aber kurze Zeit später zum Futterplatz zurück. Gerne kommen die Vögel in die landwirtschaftlichen Anbaugebiete, um sich an den kultivierten Früchten gütlich zu tun. Der Hauptaufenthaltsort der Papageien ist der tropische Regenwald, der sich mit seinen großen Baumkronen an den unteren und mittleren Berghängen, voll entfaltet. Die oberen Bergregionen mit dem Niedrigwald werden von den Papageien nicht genutzt.

Die Brutzeit der Königs-Amazonen beginnt ca. im April, kurz vor Ende der Trokkenzeit. Bedingt durch die enorme Größe der Amazonen, können nur die großen Bäume ausreichende Nistmöglichkeiten bieten. Anscheinend werden nur zwei Eier bebrütet. Die Nestlingszeit der Jungvögel fällt in die Phase der beginnenden Regenzeit. Sicherlich fallen viele Gelege und Jungtiere den niederkommenden Wassermassen zum Opfer. Untersuchungen an den Nistplätzen der Puerto Rico-Amazone *(Amazona vittata vittata)* auf Puerto Rico zeigten auf, daß die von den Amazonen benutzten Baumaushöhlungen oft unter Wasser standen und die Eier dabei verfaulten. Ähnlich dürfte es auch den Gelegen und Jungtieren der Königs-Amazonen ergehen. Sicherlich sind auch andere höhlenbrütende Vogelarten diesen Naturereignissen ausgesetzt, solange aber eine lebensfähige Population an Tieren vorhanden ist, regelt die Natur den Bestand von selbst. Im Fall der Königs-Amazonen fallen aber noch andere ungünstige Faktoren an, die die Überlebenschancen der Vögel verringern: 1. Die jährlich auftretenden Wirbelstürme im August und September. 2. Die Kultivierung des Lebensraumes in landwirtschaftliche Nutzflächen. 3. Rodung der Wälder für die Nutzholzgewinnung. 4. Jagd auf die Vögel aus Nahrungszwecken. 5. Jagd auf die Vögel als „Sport". 6. Ausheben der Nester, um an die Jungvögel zu kommen, die dann verkauft werden. Wenn man den Restbestand der Königs-Amazonen, der auf wenige hundert Tiere geschätzt wird, erhalten möchte, sind Maßnahmen, die besonders die eben erwähnten Faktoren 2–6 ändern, einzuleiten. Es hat einfach keinen Sinn, die Tiere in die Artenschutzliste des Washingtoner Artenschutzabkommens aufzunehmen, wenn gleichzeitig die Zerstörung des notwendigen Lebensraumes weitergeführt wird.

Haltung/Zucht: Die sehr seltenen Königs-Amazonen dürften heutzutage nicht mehr in den Volierenanlagen von Vogelliebhabern zu finden sein. In Deutschland kann man (1980) drei Königs-Amazonen in der Kollektion des Vogelparks Walsrode bewundern. Die Parkleitung hoffte auf eine erfolgreiche Nachzucht.
Der Zoo von Brookfield hat 1971 die in der Anlage gehaltene Königs-Amazone nach Houston, Texas/USA, abgegeben, wo sich ein zweites Exemplar befand. Bereits 1972 gelang die erfolgreiche Aufzucht eines Jungen. Am 28. März und 1. April wurde je ein Ei gelegt. Das Weibchen hat nach Ablage des zweiten Eis fest gebrütet. Das Junge schlüpfte am 25. April; Brutzeit 25 Tage. Das zweite Ei war unbefruchtet und wurde entfernt. Nach ca. 14 Tagen hat die Jungamazone die Augen geöffnet. Von da ab hat sich der männliche Altvogel an der Fütterung beteiligt. Nach 67 Tagen hat das Junge die Nisthöhle verlassen, wurde aber von den Alten noch weitergefüttert.

Blaumasken-Amazone **VII D7 25.**
Amazona versicolor (P. L. S. Müller) 1776
engl.: Saint Lucia Amazon; Blue-masked Amazon; Versicoloured Amazon
1 Rasse

Kennzeichen: Größe ca. 43 cm; grün; Federn besonders auf der Oberseite stark gesäumt; Stirn, Vorderkopf, Zügel violettblau, zum Hinterkopf, zur Augenregion, Ohrgegend und den Wangen in heller Blau übergehend; rotes Band über die Kehle verlaufend; Brust und Bauch weinrot, Federn oft grün gefleckt; Unterbauch, Steiß und Schenkel grün; Flügelrand gelbgrün; roter Flügelspiegel auf den äußeren Handschwingen; Hand- und Armschwingen grün zur Spitze hin blau;

Abb. 35: Die schön gefärbte Taubenhals-Amazone (Amazona vinacea) aus SO-Brasilien ist in ihrem Bestand stark bedroht. Ihr Heimatgebiet, die Araucarienwälder im Brasilianischen Bergland, wird durch den ständigen Holzschlag immer mehr eingeengt (s. Seite 137).

Flügelunterseite bläulich-grün; Schwanzfedern grün, an der Spitze gelb; äußere Schwanzfedern an den Wurzeln mit rotem und blauem Fleck; Iris orange; nackter Augenring graubraun; Schnabel graubräunlich; Füße dunkelgrau. (Bild Seite 144) Jungtiere: braune Iris.

Verbreitung: Saint Lucia W. I.

Amazona versicolor

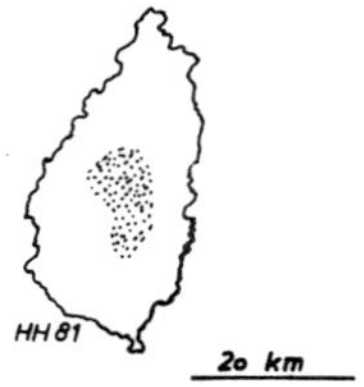

Lebensweise: Die Blaumasken-Amazone, die zweitgrößte aller Amazonen, ist auf der Karibikinsel Saint Lucia beheimatet. Saint Lucia, mit einer Oberfläche von 616 qkm, ist die Heimat von 115 000 Menschen, wovon 45 000 in der Hauptstadt Castries leben. Bei einer jährlichen gleichbleibenden Temperatur von ca. 28°C im Monatsmittel bestimmt der Nordostpassat die jährlichen Niederschlagsmengen. Im Südwesten fallen ca. 1200 mm und im Nordosten, im Bergland, ca. 3000 mm Regen im Jahr. Der Morne Gimie (951 m) und die beiden im Südwesten liegenden Pitons mit ca. 800 m Höhe, prägen das Bild der Insel. Gerade im Bereich des Morne Gimie, an den östlichen und nördlichen Hängen, im Norden begrenzt bis jenseits der Quellflüsse des Cul de Sac, im Süden bis zum Bergrücken Barre de l'Isle Ridge, erstreckt sich der letzte Lebensraum der Blaumasken-Amazonen. Die Größe des von den Amazonen besiedelten Raums nimmt gerade noch eine Fläche von 50 qkm ein. 1975 wurde der lebende Bestand in dem erwähnten Gebiet auf ca. 100 bis 200 Vögel geschätzt. Die Blaumasken-Amazone ist somit neben der Puerto-Rico-Amazone *(Amazona vittata vittata)* die am stärksten bedrohte Art

---

Abb. 36 *(oben links):* Die tropischen Bergländer der kleinen Karabikinsel Saint Vincent dienen der Königs-Amazone (Amazone guildingii) als letzte Zufluchtsstätte. Abb. 37 *(oben rechts):* Die zweitgrößte Amazone, die Blaumasken-Amazone (Amazona versicolor) zeigt oft eine variantenreiche Färbung am Brust- und Bauchgefieder. Beim links sitzenden Vogel ist das rote Brustband deutlich ausgeprägt (s. Seite 142). Abb. 38 *(unten):* Diese seltene Kaiser-Amazone (Amazona imperialis) befindet sich im Vogelpark Walsrode und ist das einzige in Deutschland vertretene Exemplar seiner Art (s. Seite 147).

ihrer Gattungsgruppe. Außerhalb der Brutzeit vereinigen sich die Amazonen zu kleinen Gruppen bis zu zwölf Tieren. Die Nächte verbringen die Vögel in der höheren Bergregion. Am frühen Morgen fliegen sie unter großem Geschrei zu ihren Futterbäumen ab. Tagsüber gehen sie ausgiebig der Futtersuche nach und fliegen dabei selten über den Baumkronen, so daß sie nur sehr schwierig auszumachen sind. Sehr gerne fressen die Papageien fleischige Früchte, wie z.B. von *Licania macrophylla, L. membranacea,* usw., Palmenfrüchte werden ebenfalls gern genommen. In kultiviertes Agrarland scheinen die Tiere nicht einzufallen.
Die Brutzeit soll im März/April beginnen. Angaben über Brut- und Nestgewohnheiten konnte der Verfasser nicht in Erfahrung bringen. Die Brutzeit dürfte wie bei den anderen Amazonenarten ca. 25/26 Tage betragen. Die Nestlingszeit der Jungen kann 70–80 Tage (?) andauern.
Die größte Gefahr für die Amazonen ist die Jagd, die auf sie gemacht wird. Trotz des gesetzlichen Jagdverbots schätzt man den jährlichen Verlust durch Abschuß auf ca. 40 Exemplare. Bei einem Bestand von maximal 200 Tieren ist die derzeitige Abschußquote für die Blaumasken-Amazonen artgefährdend. Es ist zu hoffen, daß es der Forstbehörde von St. Lucia gelingt, der Wilderei ein Ende zu setzen.
Großen Schaden am Bestand der Blaumasken-Amazonen dürfte der am 4. und 5. August 1980 über die Insel gefegte Wirbelsturm „Ellen“ hinterlassen haben.

Haltung/Zucht: Die Blaumasken-Amazonen waren schon im letzten Jahrhundert stark in ihrem Bestand gefährdet und konnten nur ganz selten in Tiergärten gepflegt werden. 1874 und 1875 gelangten sie in den Zoologischen Garten nach London. In den fünfziger Jahren erhielt der Herzog von Bedford eine Blaumasken-Amazone, die 1950 auf St. Lucia gefangen wurde. Das Hotel East Winds Inn auf St. Lucia hielt 1975 eine Blaumasken-Amazone in der Hotelanlage. In Deutschland waren diese Amazonen anscheinend noch nicht vertreten.
Im Wildlife Preservation Trust auf der Insel Jersey, einer der Kanalinseln vor der französischen Nordküste, befinden sich neun Blaumasken-Amazonen. Sieben dieser Vögel gelangten mit einer Sondergenehmigung der Regierung von Saint Lucia nach Jersey, mit der Maßgabe, Zuchtversuche zu unternehmen, die zur Arterhaltung der äußerst gefährdeten Vögel führen könnten. Hier im Zoologischen Garten werden die Amazonen paarweise in großen Volieren gehalten. Die neunte Amazone wurde einzeln untergebracht. Leider muß bemängelt werden, daß keine endoskopischen Geschlechtsuntersuchungen erfolgten, so daß nicht mit Bestimmtheit eine Geschlechtsgarantie gegeben ist. Man glaubt aber, daß man vier Paare besitzt, weil sich die Tiere untereinander sehr gut verstehen. Da die Vögel 1976 als Jungtiere in den Zoo gelangten, kann man hoffen, daß noch dieses Jahr

(1981) die Geschlechtsreife eintritt. Es wird sich erweisen, ob die Zusammenstellung der Paare richtig oder falsch war.
Die Blaumasken-Amazonen auf Jersey zeigen eine sehr unterschiedliche Färbung des Brust- und Bauchgefieders. Bei einigen Vögeln ist der rote Fleck auf der Kehle kaum angedeutet, bei anderen leuchtet dieses Farbmerkmal intensiv hervor. Eine Farbveränderung am Gefieder konnte im Laufe der fünf Jahre nicht beobachtet werden, daher bleibt abzuwarten, ob vielleicht die Vögel ohne roten Kehlfleck in den kommenden Jahren noch umfärben.
Es bleibt zu hoffen, daß dem Jersey-Zoo in den folgenden Jahren mit den Blaumasken-Amazonen erfolgreiche Nachzuchten gelingen. Ein Fortleben dieser seltenen Amazonenart wäre somit wenigstens in Gefangenschaft gewährleistet.
Diese Amazonen werden in der Artenschutzliste des Washingtoner Artenschutzabkommens geführt.

Kaiser-Amazone **VII D7 26.**
Amazona imperialis (Richmond) 1899
engl.: Imperial Amazon, August Amazon, Dominican Amazon
1 Rasse

Kennzeichen: Größe ca. 46 cm; Oberseite grün; Oberkopf, Augen und Ohrgegend violett, dunkeltürkis gesäumt; Stirn, Zügel, Wangen, Hals, Kehle, Brust, Bauch weinrot-violett, gesäumt; Flügelrand und Flügelspiegel rot; Handschwingen dunkelblau, an der Wurzel grün; Armschwingen grün, an der Spitze violettblau; Flügelunterseite grün; Schwanzfedern dunkelrotbraun, gesäumt; Unterschwanzdecken, Steiß und Schenkel grün; Iris orangerot; nackter Augenring dunkelgrau; Schnabel dunkelhorngrau; Füße dunkelgrau. (Bild Seite 144)
Jungtiere: Hinterkopf und Nacken grün; hinterer Teil der Wangen grünlich; Iris dunkelbraun.

Verbreitung: Dominica W. I.

Lebensweise: Die größte aus der Gattung der Amazonen, die Kaiser-Amazone, ist wie die Blaukopf-Amazone *(Amazona arausiaca)* auf der Kleinen Antilleninsel Dominica beheimatet. Die Kaiser-Amazonen halten sich hauptsächlich in den höheren Bergregionen auf und sind dadurch nur in geringem Maße der Verfolgung ausgesetzt.
Die Berggegenden von Dominica sind noch recht unerforscht und bieten mit ihren dichtbewachsenen Urwäldern den Amazonen ein reiches Nahrungsangebot. Bei der Nahrungsaufnahme oder sonstigen Betätigungen in den Baumkronen bietet

den Amazonen ihr glänzendes Gefieder einen hervorragenden Schutz. Nur während des Fluges, wenn schrille Schreie und Pfeiftöne ausgestoßen werden, kann man sie wahrnehmen.

Amazona imperialis

Dominica W. I.

Ein Wirbelsturm größeren Ausmaßes, der 1928 die Insel Dominica heimsuchte, vertrieb nahezu 200 Amazonen in die besiedelten Küstenregionen. Nach Angaben von Sydney Porter (1929) wurden mindestens 38 Amazonen aus diesem Schwarm abgeschossen. Die Vögel haben sich zum Glück kurze Zeit später wieder in die unzugänglichen Berge zurückgezogen.
Es scheint so, daß die Kaiser-Amazonen heutzutage nur paarweise oder in kleinen Familienverbänden leben. Selten sieht man größere Gruppen oder mit der Blaukopf-Amazone gebildete Verbände. Nach Sonnenaufgang und vor Einbruch der Dunkelheit erklingen ihre lauten Schreie, tagsüber sind sie nicht zu hören. Über die Brutgewohnheiten ist nichts bekannt, außer, daß die Nisthöhlen sich hoch oben in den Bäumen befinden und nur 2 Eier (Größe 45,6 × 37,3 mm) gelegt werden.

Haltung/Zucht: Die Kaiser-Amazonen werden in der Artenschutzliste des Washingtoner Artenschutzabkommens geführt und dürfen nicht gehandelt werden. Ein Exemplar dieser prächtigen Amazonenart befindet sich in der Kollektion des Vogelparks Walsrode (1980). Die in derselben Voliere gezeigte Gelbbauch-Amazone *(Amazona xanthops)* mit einer Größe von ca. 27 cm unterstreicht noch die imposante Erscheinung der Kaiser-Amazone. Leider konnte der Verfasser die wunderschön gefärbte Amazone nur während der Mittagsstunden beobachten; zu dieser Zeit zeigte sich das Tier sehr schläfrig. Allerdings kann man aus dieser Beobachtung keine Rückschlüsse auf die Lebensgewohnheiten ziehen. Es ist bekannt, daß nahezu alle Papageienarten zur Mittagszeit sich zurückziehen und ein kleines „Mittagsschläfchen“ halten.
Die in Walsrode gehaltene Amazone ist vermutlich die erste, die nach Deutschland gelangte. Im Zoo von London wurden 1865, 1901 und 1961 Kaiser-Amazonen ausgestellt.

S. Porter konnte 1928 auf Dominica eine verletzte Kaiser-Amazone gesundpflegen. Der Vogel entwickelte sich nach anfänglichen Schwierigkeiten zu einem liebenswürdigen, anhänglichen Hausgenossen und schloß Freundschaft mit den beiden vorhandenen Blaukopf-Amazonen.
Gerade bei diesen in ihrem Bestand äußerst gefährdeten „Karibik"-Amazonen muß man sich die Frage stellen, ob diese Tiere in ihrem heutigen Lebensraum überhaupt noch eine Chance zum Überleben haben. Sicherlich bieten unter Naturschutz gestellte Landschaften den Vögeln eine gesicherte Schutzzone, aber ob diese einzige Maßnahme den Fortbestand der Arten sichert, wird sich erst in der Zukunft erweisen.

Tier- und Vogelparks

Viele nationale und internationale Zoologische Gärten zeigen in ihren Ausstellungsgehegen Papageien.
Die für Vogelliebhaber besonders interessanten Parks sind nachstehend aufgeführt. Mit Bestimmtheit gibt es weitere, nicht genannte Tiergärten, die evtl. auch seltene Vögel in ihren Kollektionen ausstellen.

Zoologischer Garten Berlin, 1000 Berlin
VPM (Vogel-Pony-Märchen)-Park, 8602 Geiselwind, an der Autobahn Nürnberg-Würzburg
Tierpark Hellabrunn, 8000 München
Zoologischer Garten Köln, 5000 Köln
Zoologischer Garten Wilhelma, 7000 Stuttgart
Vogelpark Wiesental, in der Nähe von 7850 Lörrach/Baden
Vogelpark Walsrode, 3030 Walsrode/Lüneburger Heide
Zoologischer Garten Wuppertal, 5600 Wuppertal
Tierpark Friedrichsfelde, DDR 1136 Berlin-Friedrichsfelde
Zoologischer Garten, Basel/Schweiz
Zoologischer Garten, Zürich/Schweiz
Zoologischer Garten, Amsterdam/Niederlande
Tiergarten Wasenaar, Wasenaar/Niederlande
Tiergarten Schönbrunn, Wien/Österreich
Zoologischer Garten, Chester/England (südl. v. Liverpool)
Vogel-Zoo (Buorton-on-the-water), in der Nähe von Oxford/England
Zoologischer Garten, London/England
Vogel-Zoo (Rode Tropical Birds Gardens), Rode bei Bath/England, östl. v. Bristol
Zoologischer Garten (Brookfield Zoo), Chicago/Illinois, USA
Zoologischer Garten (Housten-Zoo), Houston, Texas/USA
Vogel-Zoo (Parrot Jungle), Miami, Florida/USA

Zoologischer Garten (San Diego Zoo), San Diego, Kalifornien/USA
Vogel-Zoo (Busch Gardens), Tampa, Florida/USA

Für Vogelliebhaber sehenswerte Tier- und Vogelparks befinden sich in den großen Städten (meistens Hauptstädten) der Länder von Mittel- und Südamerika, Afrika, SO-Asien und Australien. Da viele Papageien in diesen Regionen heimisch sind, werden diese Tiere oft als einheimische Tierarten in den Gehegen ausgestellt.

Vogelkundliche Sammlungen

Die Katalogisierung, Systemierung und Beschreibung sämtlicher Vogelarten erfolgte fast ausschließlich durch die naturhistorischen Institutionen. Sämtliche auf dem Gebiet der Ornithologie tätigen Museen führen in ihrem umfangreichen wissenschaftlichen Material meist ein großes Sortiment an Bälgen und Präparaten von den verschiedensten Vogelarten. Vogelliebhaber die ihrem Hobby intensiv nachgehen und gleichzeitig über gewisse Grundkenntnisse der Ornithologie informiert werden möchten, sollten nicht versäumen, auf Urlaubsfahrten oder anderen Reisen, naturhistorische Museen zu besuchen.

Bundesrepublik:

Naturwissenschaftliches Museum, Augsburg
Zoologisches Forschungsinstitut und Museum Alexander König, Bonn
Staatliches Naturhistorisches Museum, Braunschweig
Übersee-Museum, Bremen
Naturwissenschaftliches Museum der Coburger Landesstiftung, Coburg
Hessisches Landesmuseum, Darmstadt
Zoologisches Institut der Friedrich-Alexander-Universität, Erlangen
Forschungsinstitut und Naturmuseum Senckenberg, Frankfurt
Zoologisches Institut der Universität Göttingen
Zoologisches Staatsinstitut und Zoologisches Museum, Hamburg
Niedersächsisches Landesmuseum, Hannover
Städtisches Naturkundemuseum, Kassel
Zoologisches Institut und Museum der Universität Kiel
Zoologische Sammlung des Bayrischen Staates, München
Staatliches Museum für Naturkunde, Stuttgart
Zoologisches Institut der Universität Tübingen
Institut für Vogelforschung, Wilhelmshaven

DDR:

Institut für Spezielle Zoologie und Zoologisches Museum der Humboldt-Universität, Berlin
Staatliches Museum für Tierkunde, Dresden
Zoologisches Institut und Sammlung der Martin-Luther-Universität, Halle
Zoologisches Institut der Karl-Marx-Universität, Leipzig
Naturkundliches Museum, Leipzig

Schweiz:

Museum für Völkerkunde, Basel
Muséum d'Histoire Naturelle, Genf
Musée Zoologique de l'Université Lausanne
Musée d'Histoire Naturelle, Neuchâtel

Österreich:

Naturhistorisches Museum, Wien

Belgien:

Natuurwetenschappelijk Museum der Stadt Antwerpen, Antwerpen
Musée Royal d'Histoire Naturelle de Belgique, Brüssel

Niederlande:

Zoologisches Museum der Universiteit Amsterdam

Italien:

Museo Civico di Storia Naturale, Genua
Museo Civico di Storia Naturale, Mailand
Museo Zoologico della Universitá Neapel
Museo Civico di Zoologia, Rom
Museo di Zoologia, Turin

Frankreich:

Muséum des Sciences Naturelles, Lyon
Musée d'Histoire Naturelle, Nancy

Muséum National d'Histoire Naturelle, Nantes
Musée Nationale d'Histoire Naturelle, Paris
Musée Zoologique de l'Université et de la Ville, Straßbourg
Muséum d'Histoire Naturelle et Jardin Zoologique, Toulouse

Großbritannien:

University Museum of Zoology, Cambridge
Royal Scottish Museum, Edinburgh
British Museum (Natural History), London

Dänemark:

Zoologisches Museum der Universität Kopenhagen

Schweden:

Natural History Museum, Göteborg
Zoological Institute and Museum, Lund
Royal Natural History Museum, Stockholm

Norwegen:

Zoologisches Museum der Universität, Oslo

Tschechoslowakei:

National Museum, Prag

Vereinigte Staaten:

Museum of Comparative Zoology, Cambridge/Massachusetts
Chicago Academy of Sciences, Chicago/Illinois
Chicago Natural History Museum, Chicago/Illinois
American Museum of Natural History, New York/New York
Natural History Museum, San Diego/Kalifornien
Pacific Museum of Ornithology, San Francisco/Kalifornien
United States National Museum, Washington, D.C.

* Im United States National Museum in Washington, D.C. befinden sich drei Museumsexemplare der ausgestorbenen Culebra-Rasse der Puerto Rico-Amazone *(Amazona vittata gracilipes)*.

Australien:

National Museum of Natural History, Geology and Ethnology, Melbourne
Public Library, Museum and Art Gallery of Western Australia, Perth
Australian Museum, Sydney
MacLeay Museum of Natural History, Sydney

Diese genannten Museen sind nur ein kleiner Teil der naturwissenschaftlichen Museen der Welt. Auskünfte über Besuchs- und Öffnungszeiten sind von den Verwaltungen der Museen, bzw. durch zuständige Fremdenverkehrsämter zu erfahren.

Vereinigungen und Fachzeitschriften

In den letzten Jahren fanden immer mehr Menschen an der Haltung und Zucht von Ziervögeln Interesse, und so ist es nicht verwunderlich, wenn Vogelliebhabervereinigungen einen stetig steigenden Zuspruch finden. Dort sind ständige persönliche Kontakte zu anderen Vogelliebhabern möglich, ergeben sich Informationen, und außerdem können Zucht- und Haltungsprobleme besprochen werden. Jedem Vogelliebhaber kann die Mitgliedschaft in solch einem Verein nur empfohlen werden.
Einen anderen Weg der ständigen Information bieten die in der Regel monatlich erscheinenden Vogelfachzeitschriften. Hierin findet man ausführliche Berichte über Ernährungsprobleme, Unterbringung, Krankheiten, Aufzuchten, Buchbesprechungen usw.

Nachstehend werden einige deutschsprachige Vogelzeitschriften (im Literaturverzeichnis jeweils unter ihrer Abkürzung) zitiert:

AZ-Nachrichten (AZ), Organ der Austauschzentrale der Vogelliebhaber und Züchter Deutschlands (AZ) e.V.
Geschäftsstelle: G. Wittenbrock, Vor der Elm 1, 2860 Osterholz-Scharmbeck

Die Gefiederte Welt (Gef. Welt), Verlag Eugen Ulmer, Wollgrasweg 41, 7000 Stuttgart-70 (Hohenheim).

Die Voliere, Verlag M. & H. Schaper, Grazer Str. 20, 3000 Hannover 81

Geflügel Börse, Verlag Jürgens KG, Industriestr. 5, 8035 Germering 1

ZZA – Zoologischer Zentral Anzeiger, Zentralverband Zoologischer Fachgeschäfte Deutschlands e.V., 6057 Dietzenbach 1, Am Stadtbrunnen 8/12

Gefiederter Freund (Gef. Freund), Obligatorisches Organ der Exotis, Redaktion: D. Bischofberger, Mühlegasse 31, CH 6340 Baar/ZG

Literaturverzeichnis

Austin jr., O. L.: Birds of the World. Golden Press, New York 1961.

AZ-Nachrichten: Vogelkrankheiten. Sonderheft der AZ.

Bedford, Duke of: Parrots and Parrot-like Birds. All-Pets Books, Fond du Lac 1954.

Belcher, C. und Smooker, G. D.: Birds of the colony of Trinidad and Tobago, Part III. Ibis 13 th ser-., **6**, 1–35, 1936.

Bernasek, O.: Gelungene Zucht der Kuba-Amazone. Gef. Welt, S. 24–25, 1976.

Binford, L. C.: A preliminary survey of the avifauna of the Mexican state of Oaxaca, vol. J. P. D. thesis, Louisiana Univers., S. 1–597, 1968.

Blake, E. R.: Birds of Mexico. University of Chicago Press, Chicago 1953.

Böni, G.: Zucht der Weißstirn-Amazone. Gef. Freund, S. 157–159, 1979.

Boetticher, H. v.: Papageien. A. Ziemsen-Verlag, Wittenberg-Lutherstadt 1962.

Bond, J.: Check-List of Birds of the West Indies. Academy of Natural Sciences, Philadelphia 1956.

–: Birds of the West Indies. Collins, London 1971.

Das moderne Länderlexikon. Bertelsmann Lexikon-Verlag, Gütersloh 1979.

Dorst, J.: Die Vögel in ihrem Lebensraum. Editions Rencontre, Lausanne 1972.

Ebert, W.: Vogelkrankheiten. Schaper, Hannover 1978.

Eisenmann, E. und Loftin, H.: Birds of the Panama Canal Zone area. Fla. Nat. **41**, S. 57–60, 1968.

ffrench, R.: A Guide to the Birds of Trinidad and Tobago. Harrowood Books, Valley Forge 1976.

Fink, H.: Zucht der Blaukronen- oder San Domingo-Amazone. Gef. Freund, S. 245–249, 1979.

Fisher, J. N. S. und Vincent, J.: The Red Book: Wildlife in Danger. Collins, London 1969.

Forshaw, J. M.: Parrots of the World. Lansdowne Press, Melbourne 1973.

–: Parrots of the World, T. F. H. Publications Inc., Neptune 1977.

Garrido, O. H. und Schwarz, A.: Anfibios, reptiles y aves de la peninsula de Guanahacabibes, Cuba. Poeyana, ser. A. **53**, S. 1–68, 1968.

Greenway, jr., J. C.: Extinct and Vinishing Birds of the World. Dover Publications Inc., New York 1967.

Griscom, L.: The ornithological results of the Mason-Spinden Expedition to Yucatán – Part II, Chinchorro Bank and Cozumel Island. Amer. Mus. Novit **236,** S. 1–13, 1926.

Gut, Fr.: Zuchterfolg mit der Panama Gelbstirn-Amazone. Gef. Freund, S. 164–165, 1977.

Harnisch, W.: Mai's Auslandstaschenbuch, Nr. 28, Karibien und Mittelamerika. Verlag Volk und Heimat, Buchenhain 1975/76.

Harrison, C. J. O. und Holyoat, D. T.: Apparently undescribed parrot eggs in the collection of the British Natural History Museum. Bull. Brit. Ornit. Club **90,** S. 42–46, 1970.

Hartert, E.: On the Birds of the Islands of Aruba, Curaçao and Bonaire. Ibis, **6** th ser., **5,** S. 289–338, 1893.

Haverschmidt, F.: Birds of Surinam. Oliver and Boyd, Edinburgh 1968.

Herklots, G. A. C.: The Birds of Trinidad and Tobago. Collins, London 1961.

Kepler, C. B.: The Puerto Rican Parrot. In H. T. Odum: A Tropical Rain Forest. U.S. Atomic Energy Com. Div. of Techn. Information, Oak Ridge/Tenn. 1970.

Klaas, E. E.: Summer birds from the Yucatán Peninsula, Mexico. Univ. Kans. Publis. Mus. **17,** S. 579–611, 1968.

Land, H. C.: Birds of Guatemala. Livingston, Wynnewood 1970.

Loughlin, E. Mc.: Field notes on the breeding and diet of some South American parrots. Foreign B. , S. 169–171, 1970.

Low. R.: The Parrots of South America. Gifford, London 1972.

–: Parrotts – Their Care and Breeding. Blandfort Press, Poole/Dorset 1980.

Lowery jr., G. H. und Dalquest, W. W.: Birds from the state of Veracruz, Mexico. Univers. Kans. Publis. Mus. **3,** S. 526–547, 1951.

Luther, D.: Die ausgestorbenen Vögel der Welt. A. Ziemsen-Verlag, Wittenberg-Lutherstadt 1970.

Mann, B. und Mann, P.: Breeding the Finsch's Amazon. Mag. of the Parrot Soc., Vol. XII, **12,** S. 295–297, 1978.

Mattmann, J.: Erstzucht von Grünwangen-Amazonen, *Amazona viridigenalis.* Gef. Freund, S. 2–3, 1981.

Meier, A.: Zuchtbericht von der Goldzügel-Amazone. Gef. Freund, S. 189–193, 1980.

Meyer de Schauensee, R.: The Birds of Colombia. Livingston Publishing Company for Academy of Natural Sciences of Philadelphia, Narbeth 1964.

–: The Species of Birds of South America. Livingston Publishing Company for Academy of Natural Sciences of Philadelphia, Narbeth 1966.

–: A Guide to the Birds of South America. Livingston Publishing Company for Academy of Natural Sciences of Philadelphia, Wynnewood 1970.
Mitterhuber, H. und Grahl, W. de: Seltenheitszucht: Venezuela-Amazone. AZ S. 46–47, 1979.
Monroe jr., B. L.: A distributional survey of the birds of Honduras. New York. American Ornithologists' Union, Ornithological Monogr. **7**, 196 .
Müller, H.: Erstzucht von Weißstirn-Amazonen. Voliere , S. 5–8, 1978.
Neunzig, K. und Ruß, K.: Handbuch für Vogelliebhaber, -züchter und -händler. Creutzsche Verlagsbuchhandlung, Magdeburg 1921.
Nottebohm, F. und Nottebohm, M.: The Parrots of Bush Bush. Anim. Kingd. **72,** S. 19–23, 1969.
Olivares, A.: Aves de Cundinamarca. Universitat Nacional de Colombia, Direccion de Divulgacion Cultural 1969.
Paynter jr., R. A.: The ornithogeography of the Yucatán Peninsula, Mexico. Peabody Mus. Nat. Hist. **9,** S. 1–347, 1955.
Peters, J. L.: Check-List of Birds of the World. Harvard University Press, Cambridge 1937.
Peterson, R. T. und Chalief, E. L.: A field Guide to Mexican Birds. Houghton Mifflin Comp., Boston 1973.
Phelps, W. H. und Phelps jr., W. H.: Lista de las aves de Venezuela con su distribución, Part 1 – Passeriformes. Boletin de la Sociedad Venezolana de Ciencias Naturales, vols. 19, **90,** 1958.
Porter, S.: In search of the Imperial Parrot. Ibid. 4 th ser. **7,** S. 240–246 und S. 267–275, 1929.
Poschung, O.: Freud und Leid einer Zucht der Taubenhals-Amazone. Gef. Freund S. 245–248, 1978.
Prestwich, A. A.: I name this Parrot. A. A. Prestwich, Edenbridge 1963.
Reichenow, A.: Vogelbilder aus fernen Zonen – Papageien. Helène, Pfungstadt 1955.
Rodriguez-Vidal, J. A.: Puerto Rican Parrot study, Monogr. Dep. Agricult. Com., Puerto Rico **I,** S. 1–15, 1959.
Ruß, K.: Die Papageien. Creutzsche Verlagsbuchhandlung, Magdeburg 1881.
Russel, S. M.: A distibutional study of the birds of British Honduras. Amer. Orni. Uni. Orn. Mon. **I,** S. 1–95, 1964.
Sabel, K.: Vogelfutterpflanzen. Helène, Pfungstadt 1961.
Schaldach jr., W. J.: The avifauna of Colima and adjacent Jalisco, Mexiko. Proc. West. Found. V. Zool. **I,** S. 1–100, 1963.
Schönwetter, M.: Handbuch der Oologie. Akademie-Verlag, Berlin 1964.
Sick, H.: A fauna do cerrado. Arq. Zool. Est., Sao Paulo, **12,** S. 71–93, 1965.

–: Vogelwanderungen im kontinentalen Südamerika. Vogelw. , S. 217–243, 1968.

Stager, K. E.: The avifauna of the Tres Marías Islands, Mexico. Auk. **74,** S. 413–432, 1957.

Stone, W. und Roberts, H. R.: Zoolog. results of the Matto Grosso Expedition to Brazil in 1931, II Birds. Ibis, **86,** S. 363–397, 1935.

Vit, R.: Gelungene Blaustirn-Amazonen Zucht, Gef. Welt , S. 61, 1974.

Voous, K. H.: De Vogels von de Nederlandse Antillen. Natuurwetenschappelijke Werkgroep Nederlandse Antillen, Curaçao 1955.

Voss-Gerling, W.: Mittelamerika. Polyglott-Verlag, München 1969.

Wetmore, A.: The birds of Porto Rico and the Virgin Islands – Psittaciformes to Passeriformes, Scient. Suv. Porto Rico S. 409–598, 1927.

Wetmore, A.: The Birds of the Republic of Panama. Smithsonian Institution Press, Washington 1968.

Wolters, H. E.: Die Vogelarten der Erde, eine systematische Liste mit Verbreitungsangaben sowie deutschen und englischen Namen. 1. Lieferung Bogen 1–5. Verlagsbuchhandlung Paul Parey, Hamburg 1975.

ZZA, 1977/1978, Handbuch des Zoofachhandels, Zentralverband Zoologischer Fachgeschäfte Deutschlands e.V.

Register

Wissenschaftliche Namen

Mit * versehene Seitenziffern weisen auf Abbildungen hin

Deutsche Namen

Englische Namen

Sachregister

Bildnachweis

H. Bielfeld 9, 31
W. de Grahl 6–8, 14, 15, 17, 24, 27–29, 33
D. Hoppe 1–4, 5*, 12, 13, 16*, 19*, 20, 21*, 23, 25, 32, 35
36*, 38*
G. Mühlhaus 37
H. Reinhard 26, 30
M. Rosenbaum 10, 18, 34
C. Scholtz 11, 22

* aufgenommen im Vogelpark Walsrode